# 100

卓越手绘

# 景观快题设计100例

蒋柯夫　张文茜　杜健　编著

U0370112

华中科技大学出版社
http://www.hustp.com
中国·武汉

## 图书在版编目(CIP)数据

景观快题设计100例 ／ 蒋柯夫，张文茜，杜健编著.－武汉 ：华中科技大学出版社，2019.10
（2024.1重印）
（卓越手绘）

ISBN 978-7-5680-5149-1

Ⅰ.①景… Ⅱ. ①蒋… ②张… ③杜… Ⅲ. ①景观设计－绘画技法 Ⅳ. ①TU986.2

中国版本图书馆CIP数据核字(2019)第068256号

## 景观快题设计100例
蒋柯夫　张文茜　杜健　编著

JINGGUAN KUAITI SHEJI 100 LI

出版发行：华中科技大学出版社（中国·武汉）　　　　　　电话：（027）81321913
　　　　　武汉市东湖新技术开发区华工科技园　　　　　　邮编：　430223
出 版 人：阮海洪

责任编辑：梁　任　　　　　　　　　　　　　　　　　责任监印：朱　玢
责任校对：周怡露　　　　　　　　　　　　　　　　　装帧设计：张　靖

印　　刷：湖北金港彩印有限公司
开　　本：880 mm×1230 mm　　　1/16
印　　张：12
字　　数：115千字
版　　次：2024年1月第1版第3次印刷
定　　价：78.00元

投稿热线：(027)81339688
本书若有印装质量问题，请向出版社营销中心调换
全国免费服务热线：400-6679-118　竭诚为您服务

# 前　言

　　快题设计是指在规定时间内针对任务书完成一套相对完整的，并能清晰、准确地反映设计者意图的方案，从此考核设计者对于风景园林的专业认知、基础知识、设计运用、图纸表达等综合能力。快题设计广泛运用于高校研究生入学考试、设计单位入职考试、相关专业职业资格考试。随着时代的发展，快题设计的要求也在不断变化。笔者认为，快题设计的过程是专业知识积累及运用、思维能力、表达能力与手绘能力的综合体现，这就要求设计者具有快速构思的能力、专业基础知识储备并经过一定量的快题技能训练。

　　全书分为五章。第一章为风景园林快题设计基本知识，主要介绍快题设计的定义、意义以及评判原则；第二章为风景园林快题设计过程方法，主要介绍快题设计的准备工作以及平面图与其他视图之间的转化技巧；第三章为快题设计案例解析，针对高校考研真题以及设计院招聘考试题型进行分类解析，并选取优秀的作品进行点评；第四章为其他优秀快题赏析；第五章收录了大量优秀的快题效果图 / 鸟瞰图表现图纸，供广大读者参考。

　　需要指出的是，本书所展示的快题作品，基本为本机构学员限时完成作品，不管是在具体设计还是图纸表达上都还有稚拙之处，因而希望广大读者能带着批判的态度进行学习，不要一味生搬硬套而束缚了设计思维。本书所列举的所有快题仅仅是我们过去研究培训的成果。时代在进步，快题考试的要求和我们的自我要求也在逐年提升，相信在不久的未来，这本书的所谓优秀范例也会"作古"。不断地追求卓越是我们的目标和自我鞭策，也是出版本书的初衷，在此与广大考生共勉！

　　负责编写各章节内容的执笔人分别是：第 1 章为蒋柯夫；第 2 章为张文茜；第 3 章第 1 节为蒋柯夫、张文茜、石宇松，第 2 节为蒋柯夫、张文茜、王鑫；第 4 章为蒋柯夫、张文茜、杜健、吕律谱、石宇松、王鑫共同指导完成；第 5 章为杜健、吕律谱共同指导完成。

　　由于笔者水平有限，在许多专业问题上的思考可能还有不尽全面之处，望广大读者批评指正。

蒋柯夫

2018 年 9 月

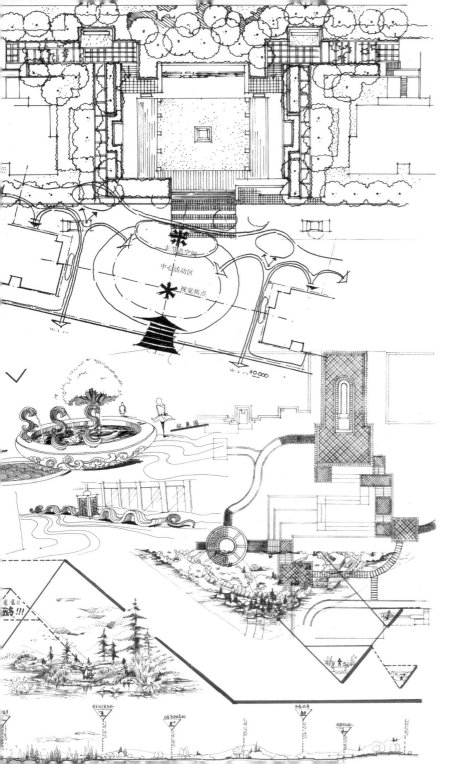

# 目　录

# 第 1 章

## 风景园林快题
## 设计基本知识

## 1.1 快题设计定义

快题设计是指在所限定的较短时间内，针对任务书的要求完成一套相对完整的，并能清晰、准确反映设计者意图的方案图纸，以此考核设计者对风景园林的专业认知、基础知识以及场地问题的基础分析、设计运用、图纸表达等综合能力。快题设计被广泛运用于高校研究生入学考试、设计单位入职考试、相关专业职业资格考试。

## 1.2 快题设计的意义

### 1. 专业设计的特殊方式

快题设计的过程是对专业知识积累及运用、思维能力、表达能力与手绘表现的综合体现。首先要在短时间内对设计任务书进行分析理解，依靠积累的经验与理性思考在设计规范允许的范围之内快速表达解决问题的途径并将其图纸化呈现。因此，快题设计浓缩了常规方案设计中的构思、推理和表达过程，是专业设计的特殊方式。

### 2. 思维创作的直观体现

快题设计的创作方式是计算机辅助设计无法比拟的，无论是寻找设计灵感还是构思多套方案来进行比较，设计师总能通过快速草图构思个性语言创造方案，透过构图、线条和色彩体现设计师的构想力和创造力。

### 3. 选拔人才的主要手段

为了招募能力相对较高的设计人员，众多设计院（公司）采用快题设计的形式，择优录取来充实一线设计队伍。这种选拔手段相对公平，能够在短时间内看出应试者的基本素质、图纸表达功底以及培养潜力等。

### 4. 高校教学的重要环节

快题设计可以培养学生在短时间内发现问题、分析问题、解决问题的能力以及图纸表达能力。快题练习与长周期的设计课程作业相互配合，丰富了教学内容，提高了学生快速设计不同类型场地的能力。同时，快题练习也为学生参加研究生入学考试、设计院招聘考试及相关职称考试打下了良好基础。

## 1.3 快题设计评判原则

### 1. 整体性原则

设计中应充分表达出设计者对整个设计任务的把握，设计整体性要强，图纸表达要完整连贯。

### 2. 准确性原则

在符合设计规范的前提下应尽可能满足任务书的具体要求，设计红线面积、功能布局、交通组织、场地现状等要求应该与任务书要求相符合。

### 3. 完整性原则

符合任务书具体要求，没有漏项，没有漏画，没有漏写。

### 4. 突显性原则

图纸表达成果应体现设计亮点，在达到任务书要求的前提下，巧妙的构想和概念更能展示设计者的创新能力。良好的设计表现手法和美观的版面设计也更容易受到评图者青睐。

第 2 章

# 风景园林快题
# 设计过程方法

## 2.1 快题设计前的准备

### 1. 快速构思能力培养

快题设计不同于平常的课程设计和实际工程设计，需要提高快速构思能力，打破设计思维定式和常规的设计思路，调整设计步骤以便高效开展设计工作。

### 2. 基础知识储备

快题设计要求设计者通过长期的学习，掌握风景园林设计的基础知识、设计规范以及相关学科知识，并且不断积累针对不同场地现状的设计手法。通过日常的知识积累，运用正确的设计方法和快速的表现手法来完成设计方案。

在设计手法、元素运用以及平面构图的积累中，抄绘分析平面图是一个有效的学习手段，而一个良好的抄绘顺序能收到事半功倍的效果。

节点轮廓及交通（了解节点设计布局及交通组织衔接）：

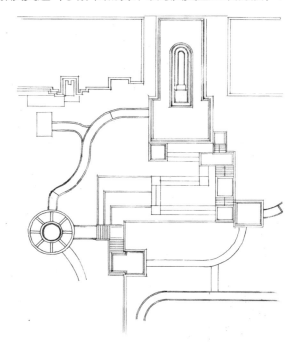

节点设计细化（分析主要节点详细设计内容和元素运用）：

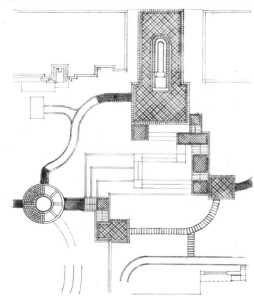

植物部分上层乔木（了解整体植物空间划分）：

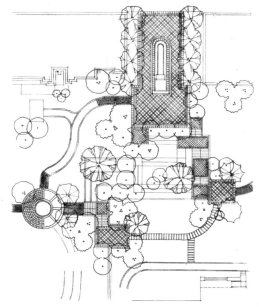

植物部分中下层（丰富植物设计层次）：

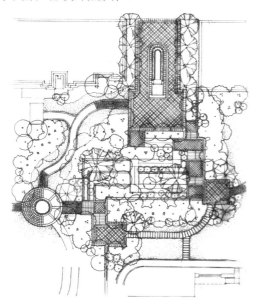

颜色（注意平面统一性突出设计重点）：

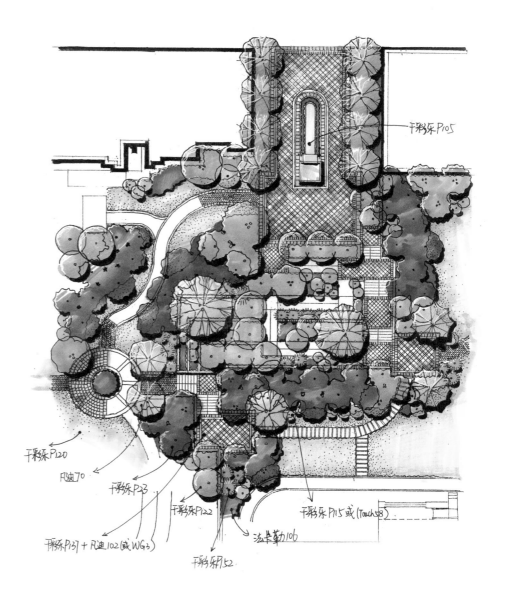

干彩乐P105

干彩乐P120

凡迪70

干彩乐P33

干彩乐P122

干彩乐P137＋凡迪102（或WG3）

干彩乐P152

法卡勒106

干彩乐P115或（Touch58）

阴影（掌握平面阴影绘制方法）：

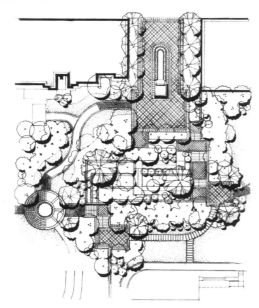

### 3. 快题技能训练

设计者的水平高低直接决定了设计方案的好坏。在短时间内从根本上提高方案能力是不可能的，但是针对考试类型的快题设计，经过一定量的科学系统的训练还是可以取得很大的进步的。大致可归纳为：了解设计工作量，规范设计步骤；形成自己的设计制图习惯，合理分配时间；形成自己固有的手绘表达方式。

### 4. 绘图工具准备

工具适用，质量好，无疑将在设计过程中帮助设计者提高设计速度和图纸表现。设计者应固定适用自己习惯且擅长的绘图工具，以求熟能生巧。

铅笔：铅笔是每个读者都很熟悉的绘画工具。在手绘中，铅笔多用于打底稿和勾勒草图。使用铅笔或自动铅笔的时候要选择 2B 或者以上的铅芯。推荐使用三菱的铅芯。

草图笔：顾名思义，草图笔主要是用来勾勒草图的。比较特别的是它的笔尖可根据与纸面角度的不同而画出粗细不同的两种线。推荐使用派通草图笔。

针管笔：针管笔是手绘中最常用的勾线笔。用一次性针管笔画出的线条流畅、顺滑。一般选用 0.1～0.3 毫米的笔头。推荐使用施德楼针管笔。

马克笔：马克笔技法是大家练习手绘的重点。马克笔色彩明快、携带方便、使用简单等诸多优点使其成为手绘上色最重要的工具。但是马克笔对于颜色要求很高，很多学生自选的品牌颜色不适合设计专业使用。我们选择的时候应该挑选色彩纯度不是很高的马克笔。同时，马克笔头的质量是至关重要的，如果笔头质量不好，画出的笔触就容易不干净，并且墨水流量太大也会使笔触散开，所以推荐使用设计家牌马克笔，非常适合设计专业同学使用。

彩色铅笔：彩色铅笔（以下简称"彩铅"）通常作为马克笔的过渡工具来使用，也可以弥补马克笔颜色的不足。彩色铅笔还可以作为主要的表现工具，对效果图进行上色，从而获得一种不同的表现效果。彩铅分为水溶性和非水溶性两种。水溶性彩色铅笔虽然笔触颗粒比较大，但是色彩更好。非水溶性彩色铅笔笔尖较硬，相比更好使用，但是色彩略弱于水溶性彩色铅笔。推荐使用马可或酷喜乐 72 色彩色铅笔。

修正液和高光笔：效果图的最后一步是在画面有高光的地方进行点缀，使画面的表现力更加强烈。推荐使用三菱修正液和樱花高光笔。

## 2.2 快题设计过程与方法

### 1. 审题

审题不仅要认真阅读任务书文字部分，更要仔细研究任务书中的基地图纸，如场地限制，保留建筑或树木、地形等高线等。还应注意以下方面：

（1）注意绿地类型、场地面积、限定词等；

（2）注意任务书具体要求，设计红线位置；

（3）具体功能要求；

（4）注意任务书其他特殊要求。

### 2. 分析

对审题时所收集的信息进行分析，进一步明确设计方向，抓住主要场地矛盾，进行设计构思。还应注意以下方面：

（1）外部环境的制约；

（2）场地内各功能区域的关联及要求；

（3）技术经济指标的具体要求。

### 3. 草图

以简明的草图表达出设计意图，以简单熟悉的设计方法处理场地问题和制定设计方案。画草图时应以设计任务书上要求的比例进行，为下一步方案细化节约时间。

### 4. 方案

方案细化应遵循一定的逻辑顺序，这能使设计者条理更加清晰。

（1）通过绿地特点进行功能需求分析。

（2）依据场地线现状及外部环境限制进行功能节点布局和空间划分。

（3）依据节点和空间布置主要道路。

（4）布置次要道路满足交通需求。

（5）主要节点做详细设计解决场地主要问题。

（6）次要节点做简化设计。

（7）依据空间划分进行乔木及树丛植物等上层空间种植。

（8）种植中下层植物丰富层次。

## 5. 定稿

方案确定，在完成平面图后，以此为依据进行总体排版进而节约时间。

## 6. 绘图

（1）平面图。

平面图里包含了设计者设计构思、场地规划、节点处理等内容，是所有图纸中最重要的内容。应着重注意平面制图的规范性和尺度比例问题。这除了设计者自身的功底之外，还需要设计者平时有良好的绘图习惯，并辅以大量的方案练习和积累。平面图常用的绘图工具有彩铅、马克笔、针管笔、水彩，但是快题考试时间较短，而水彩的前期准备时间较长，所以在快题考试中不常使用。

纯墨线表现平面图

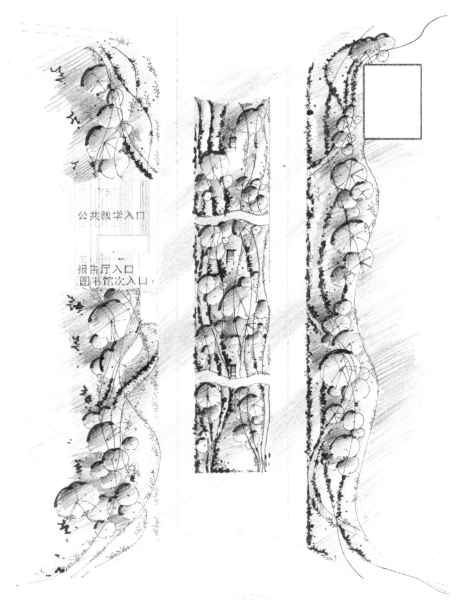

公共教学入口

报告厅入口
图书馆次入口

彩铅表现平面图

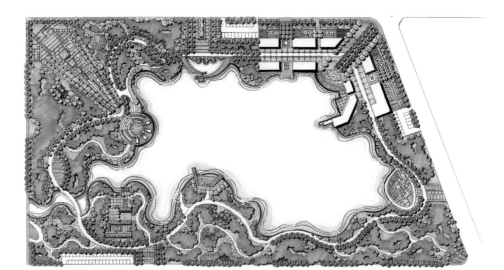

马克笔表现平面图

硫酸纸绘制平面图

（2）分析图。

分析图的目的是明确把握现状特点、功能需求、解读概念与形式转换的可能性，通过分析，对复杂多样的区域进行梳理，快速把握主要特点和问题进行有效组织。

（3）剖、立面图。

剖、立面图用来补充平面图的细节，反映出地形、水体、天际线、植物的林冠线等内容。制图时应注意：准确找到地形起伏变化丰富并且景观节点多的位置；在把握好平面尺度的同时也要注意立面上尺度的把握；熟知一些常见的标高及尺寸。

（4）局部效果图。

局部效果图可以表现出方案内较为重要的节点效果，包括一点透视、两点透视。一点透视由于构图严谨，中轴对称，一般用来体现纪念性和庄严肃穆的场景，两点透视构图相对而言更为活泼生动，在效果图绘制中的运用最为广泛。

（5）鸟瞰图。

鸟瞰图是根据透视原理，用高视点透视法从高处某一点俯视地面起伏绘制成的立体图，它可以直观地表现出整个场地的大关系。

绘制鸟瞰图过程中重点是把握好整体透视关系，而后绘制重点区域如出入口、水体、主要节点，次要设计内容可以简略表达。

（6）文字标注。

在图像符号表达不清的情况下采用文字标注来补充，例如立、剖面图上的建筑、景观、小品的标高，水体的水位线，平面图上出入口的标注，节点名称的标注，以及植物种类的标注等。

## 7. 技巧

（1）时间安排。

考试时长一般为 3h、4h 或 6h。3h 的快题考的是对设计如何构思与表达的熟练度；6h 快题中加入了对设计的构思评价，不仅要解决问题，还要表达出自己的设计构思和意图，同时加入更多的细节表达和处理方式，对于图面的要求也更高。

不论快题考试时间是 3h、4h 还是 6h，审题作为做好一个快题设计的前提，时间均要保证在 15min 左右。平面图是整个设计的重点，因而平面图的完成时间至少占到整个考试时长的 1/2。

设计者应在自己长期练习的过程中按照自身特点总结规律，掌握好适合自己的合理的时间安排。下面以 3h 的快题考试为例来具体安排一下每一部分内容的所需时间，设计者可以按照自身情况适当调整时间安排。

①读题：10~15min。

②移图：5min。

③版式：5min。

④分析图：10min。

⑤平面图（包括文字说明及图例）：1.5h。

⑥效果图、剖面图、立面图、鸟瞰图：1h。

（2）移图方法。

以某校某年真题为例。

◆ 园林规划设计

1. 题目：某公园设计

2. 区位及面积

公园位于北京西北部某县城中，北为南环路、南为太平路、东为塔院路，面积约为 3.3 万 m²（图 5-2 中粗线为公园边界线）。用地东、南、西三侧均为居民区，北侧隔南环路为居民区和商业建筑。用地比较平坦（图中数字为现状高程），基址上没有植物。

3. 要求

公园成为周围居民休憩、活动、交往、赏景的场所，是开放性的公园，所以不用建造围墙和售票处等设施。在南环路、太平路和塔院路上可设立多个出入口，并布置总数为 20～25 个轿车车位的停车场。公园中要建造一栋一层的游客中心建筑，建筑面积为 300m² 左右，功能为小卖部、茶室、活动室、管理、厕所等，其他设施由设计者自定。

4. 提交成果

提交两张 A1（594mm×841mm）的图纸。

（1）总平面图 1：500，表现形式不限，要反映竖向，画屋顶平面，植物只表达乔木、灌木、常绿落叶等植物类型，有设计说明书；

（2）鸟瞰图（表现形式不限）。

注：试卷中所附两张图纸，编号分别为 A、B，单位为 m，考生需按 AB 拼图，再将图纸放大到 1：500，图纸要有周围道路。

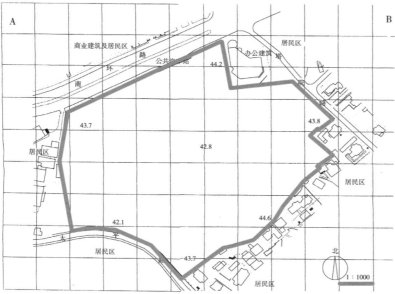

图 5-2 编者注：为方便读者练习，A、B 图纸已经拼好。由于印刷缩放，读者所看到的图纸比例并非原试题所注的 1：1000。请按照格网大小为 30m 的尺度设计

① 将平面图网格按照题干比例要求绘制到绘图纸上。

按照图纸要求：1：500 的比例，每个格子代表 60m。

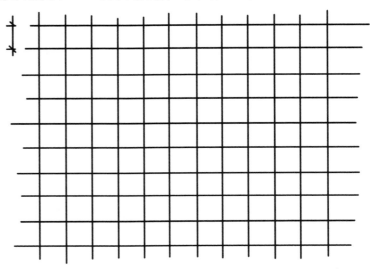

② 按照原图，找到红线轮廓的转折点，依据在绘图纸上进行定位。

按照图纸要求：1：500 的比例，每个格子代表 60m。按照原图定位，找到图纸红线轮廓的转折点。

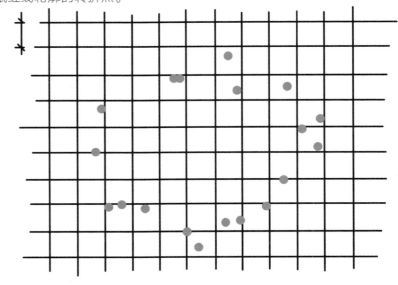

③ 将定点用线条进行连接。

按照图纸要求：1 ： 500 的比例，每个格子代表 60m。连接每个定位点。

按照图纸要求：1 ： 500 的比例，每个格子代表 60m。按比例要求移图完成，擦掉网格。

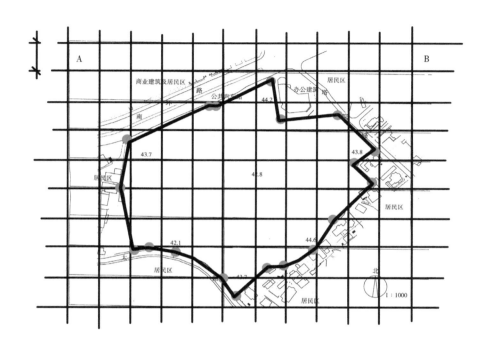

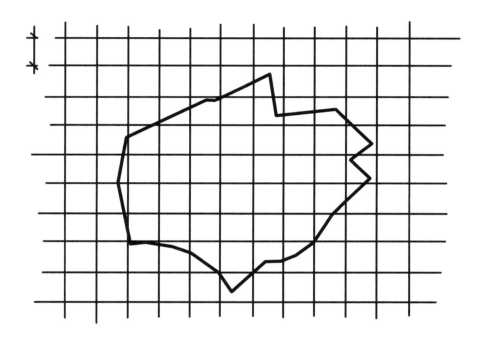

（3）版式标题。

版式与标题的布置和书写在整个快题设计中体现了设计者的综合能力。合理的版式需要构图平衡、图文协调、重点突出、没有缺项。

① 版式布置参考如下。

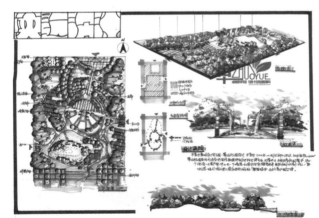

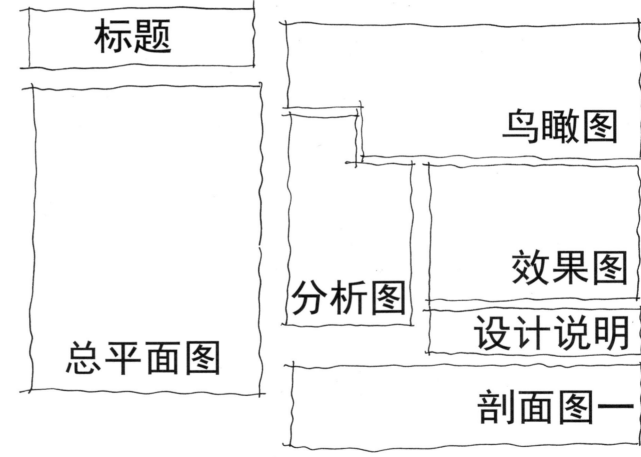

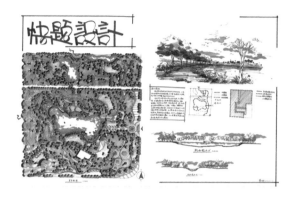

标题

效果图

分析图

总平面图

剖面图一

剖面图二

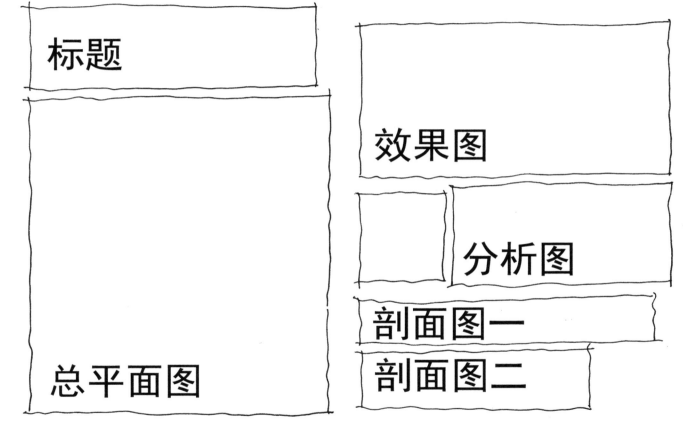

行走在消逝中

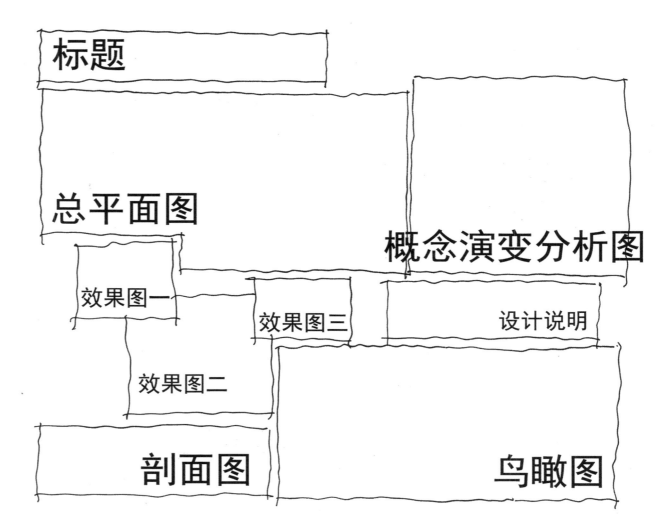

标题

总平面图

概念演变分析图

效果图一

效果图三

设计说明

效果图二

剖面图

鸟瞰图

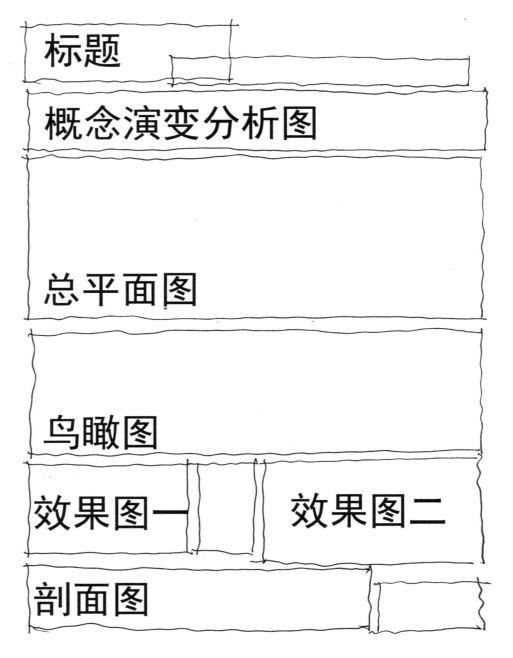

标题

概念演变分析图

总平面图

鸟瞰图

效果图一　　　　效果图二

剖面图

② 标题书写参考如下。

小型广场设计

和合 —居住区广场

源流 —城市街头广场设计

暮去朝来 年轮 律动

禅风小院 梧桐居

幽静香榭 闲庭信步

鱼跃龙门 清风雅韵

校园景观 静雅在方

滨水公园景观设计

别墅庭院设计

商山步行街

主题公园 政兹

文化创意园

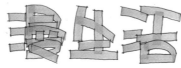

—和·主题校园广场设计

# 2.3 快题设计过程实例分析及效果图绘制

## 1. 小场地设计过程分析

场地现场：4000m² 左右市政建筑周边街头绿地设计，周边环境及设计红线范围如下图所示，场地内有几棵古树及 1 个水池。

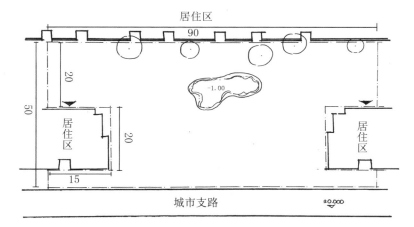

设计过程如下。

（1）场地区域现状分析及策略推敲。

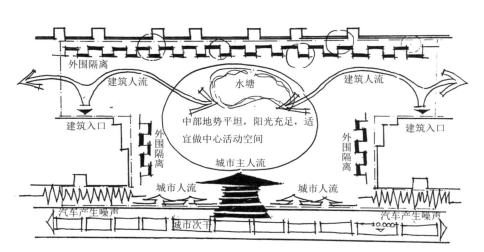

（2）使用者动线组织及视线分析。

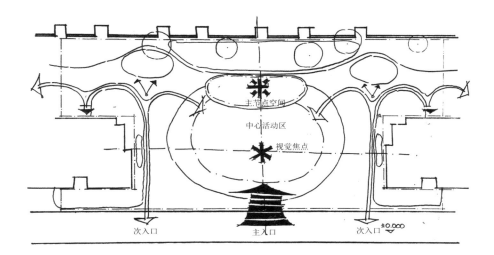

（3）设计内容深化及确定功能区域边界。

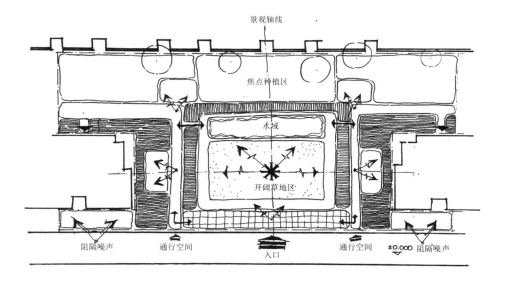

（4）确定平面形式以及节点设计细节。

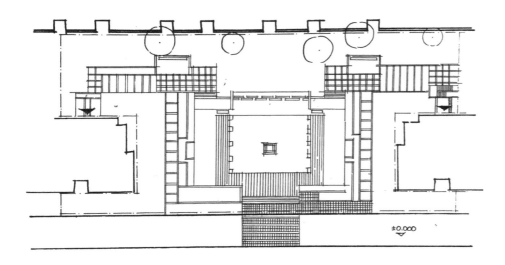

（6）平面图阴影绘制。

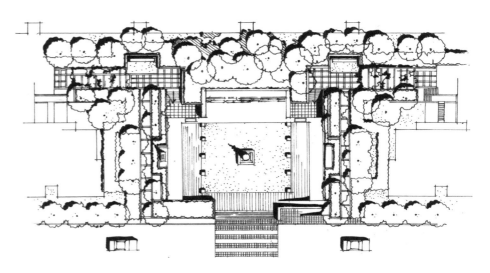

（5）植物种植设计。

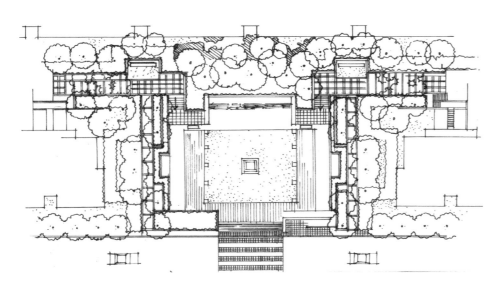

（7）平面图上色。

（8）效果图绘制。

效果图可以表现出方案内较为重要的节点效果。在快题设计当中由于时间紧促，在完成一张精美的效果图表现时较为困难，但可通过准确的透视、合理的构图来快速地表现出一个场景。做到主次分明，主景突出，远景和次景弱化。

效果图的透视包括一点透视、两点透视和三点透视，局部效果图常用的为一点透视和两点透视。一点透视由于构图严谨，中轴对称，一般用来体现纪念性和庄严肃穆的场景；两点透视构图相对而言更为活泼生动，在效果图绘制中的运用最为广泛。

效果图绘制应注意以下几点。

① 应体现方案设计主要节点。

② 透视、尺度比例准确。

③ 适当加简笔的人物或鸟类来体现场地的尺度感，增强画面生动性。

④ 线条利落，画面干净。

效果图绘制步骤如下。

① 一点透视。

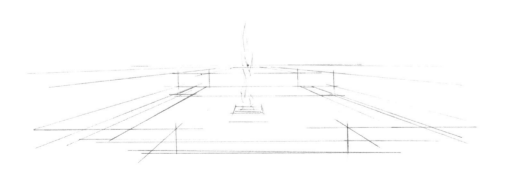

② 两点透视。

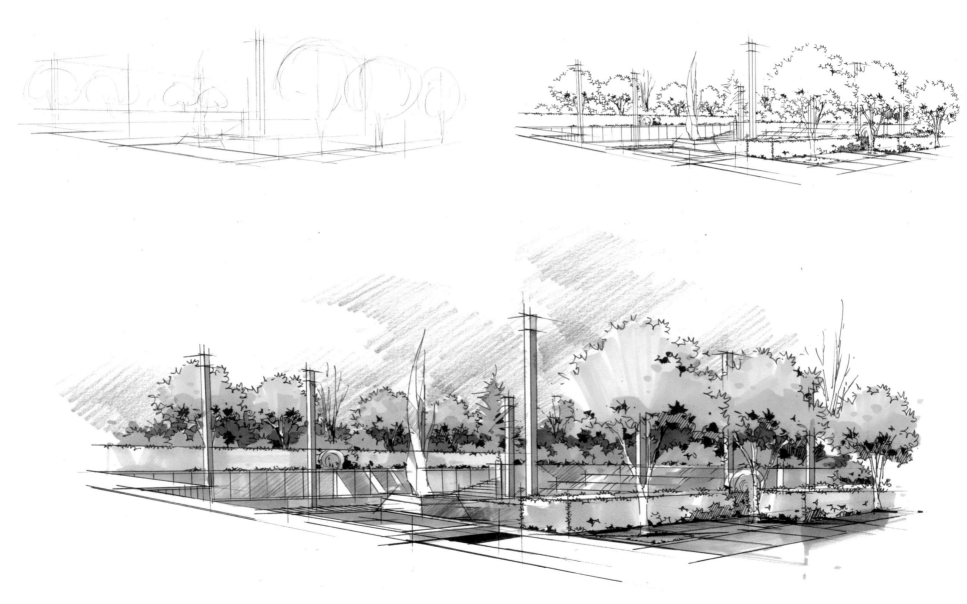

## 2. 大场地设计过程分析及鸟瞰图绘制

场地现场：70000m² 左右城市公共绿地设计，周边环境及设计红线范围如下图所示，场地内有河流穿过，东北角地势较高。

（1）设计过程。

① 依据场地分析进行空间划分，并充分考虑场地内外交通。

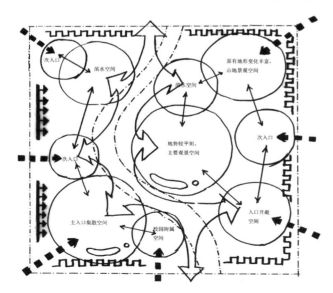

② 确定功能空间设计的内容及主要道路交通路径。

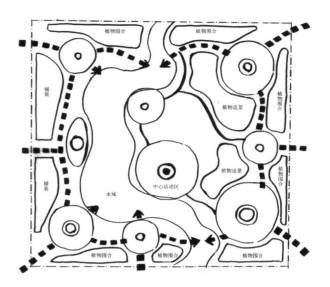

③ 确定功能区域边界及次要道路交通路径。

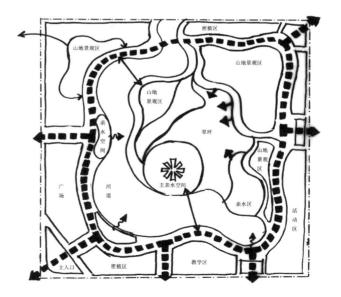

④ 细化功能节点及交通平面形式。

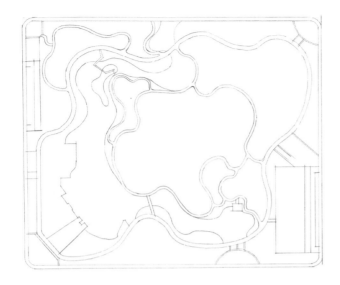

⑥ 植物种植，设计上层植物确定空间。

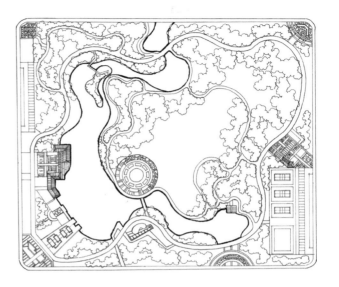

⑤ 功能节点的详细设计。

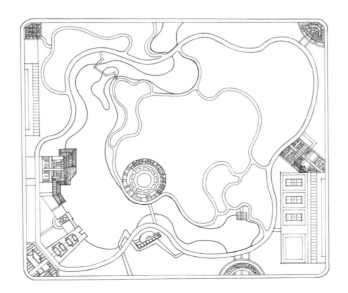

⑦ 设计中下层植物以丰富层次。

⑧ 设计微地形丰富竖向设计。

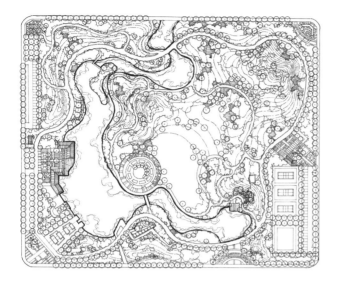

⑨ 平面图阴影绘制。

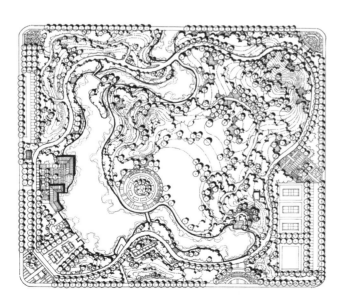

⑩ 平面图上色。

（2）鸟瞰图绘制。

鸟瞰图是根据透视原理，用高视点透视法从高处某一点俯视地面的起伏绘制而成的，它可以直观地表现出整个场地的空间关系，较清晰地体现整个方案的设计。

绘制鸟瞰图要把握好整体的透视关系，突出主要节点，确定空间和山水关系。

绘制鸟瞰图注意以下几点：

① 选择合适的俯瞰视角和方向；

② 体现整体空间关系和交通系统；

③ 主要节点细化；

④ 处理图面主次和虚实对比。

（3）效果图绘制步骤。

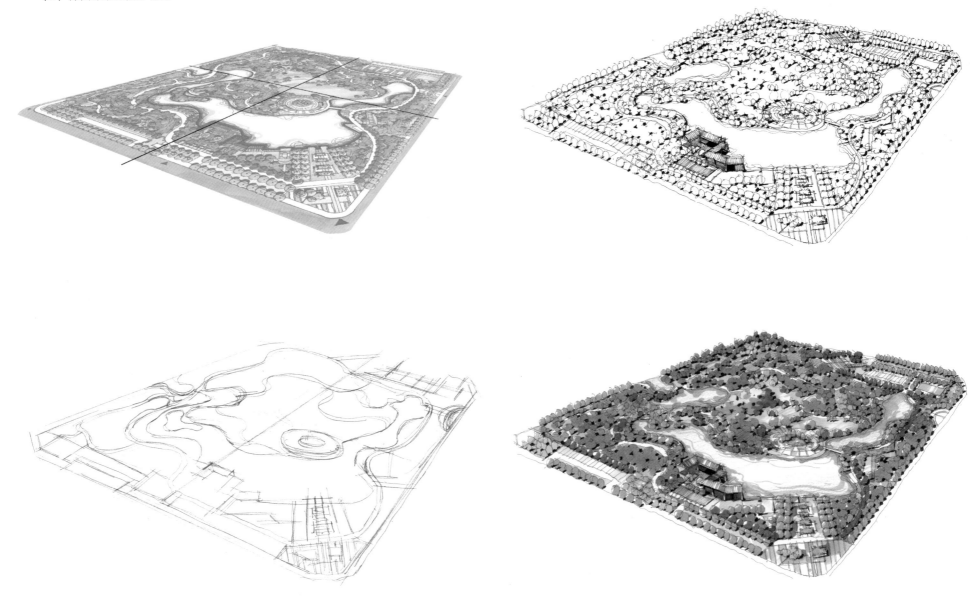

# 第 3 章

# 快题设计案例
# 解析

# 3.1 高校快题真题

## 真题一："和"主题城市广场设计

以"和"为主题设计一个城市广场，周边环境自定，场地尺寸如右图所示。

### 要求

（1）平面图1张。

（2）剖面图1张。

（3）效果图1张。

（4）分析图。

（5）设计说明100字左右。

### 真题解析

（1）关键词："和"主体、城市广场。

（2）解读：本题考查的重点内容是对小场地的空间把控能力、对城市空间的功能理解和定位能力，以及如何将城市小型广场与周边城市环境有机结合，打造高品质的城市休闲广场，为周边居民与过路行人提供一个优质的户外环境。

本地块周边环境自拟，地形没有限制，只有南边有单排行道树，给予了较大的自由发挥空间。解题关键为"和"字主题，故场地的两矛盾空间的临界面应为该主题广场的核心景观，可自行设计两种矛盾，并将两种矛盾融合协调来表达主题，如场地的疏与密、方与圆，地形的凹与凸，功能的动与静，设计的曲与直等处理手法，表达"和"主题，也可用自己独特的设计视角来凸显主题。

地块周边由建筑包围，四周穿行人流量较大，应提供便捷的交通流线组织，处理好地块周边车行与地块内人行的关系，同时也要避免周边穿行交通对广场内部的干扰。

该场地面积较小，可将其处理为城市的口袋公园，像纽约 Paley Park（佩雷公园）一样，作为建立散布在高密度城市中心区的呈斑块状分布的小广场，运用轻巧的景观小品、凹凸的地形处理、丰富的铺地材质等手法为周边人群提供一个休闲娱乐的城市空间。

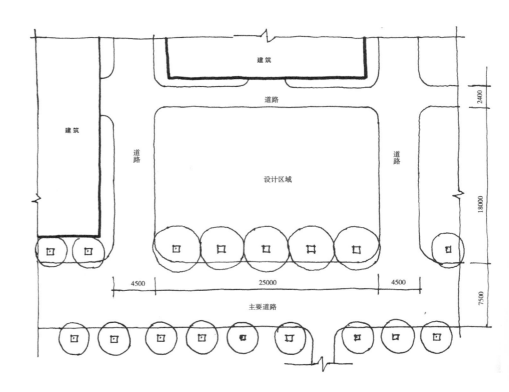

# 苗 ——— 小型广场设计

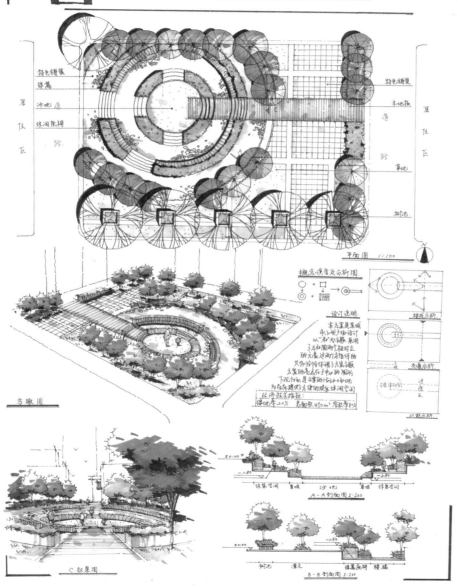

特色铺装

绿篱

沙地

休闲座椅

路

特色铺装

水地线

道路

草地

树池

居住区

居住区

平面图 1:100

多瞰图

概念强度及分析图

景色分析

交通分析

设计说明

经济技术指标：
绿化率≥20% 总面积4.0hm² 容积率2%

C效果图

A-A剖面图 1:200

休憩空间 景观 沙地 景观 休憩空间

树池 清水 休憩座椅 楼梯

B-B剖面图 1:200

名称：001-160128-0060

　　方案整体结构清晰，道路系统明确，对场地尺度把握准确，通过"曲"与"直"的结合来完成"和"主题广场。线条运用娴熟，色彩和谐丰富，整体画面色彩的处理手法值得借鉴。

　　场地内绿地面积稍显不足，铺装面积略大，使得广场内部实际空间的实用性不强。

名称：001-170206-0023

方案通过丰富的景观和细节处理满足了城市广场承受大量的人流的使用需求，场所的多样性让方案更加鲜活生动。场地交通的轴线性极强，起到了很好的引导作用。分析图表现较强，思路清晰。

马克笔技法娴熟，色彩丰富统一。若适当增加空间疏密关系对比，则方案更完善。

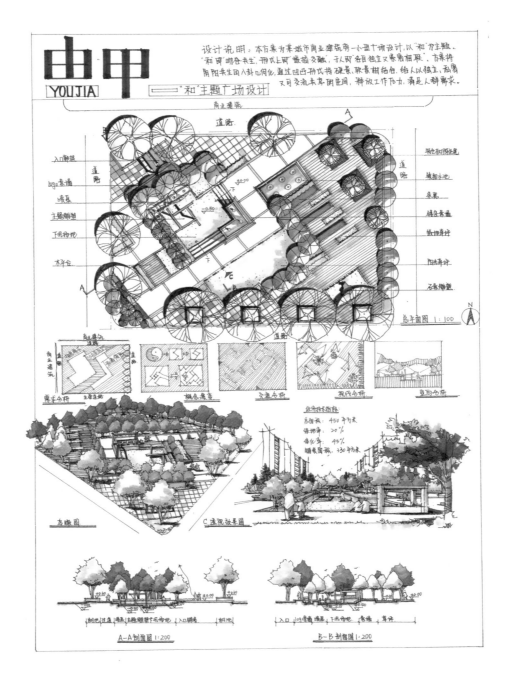

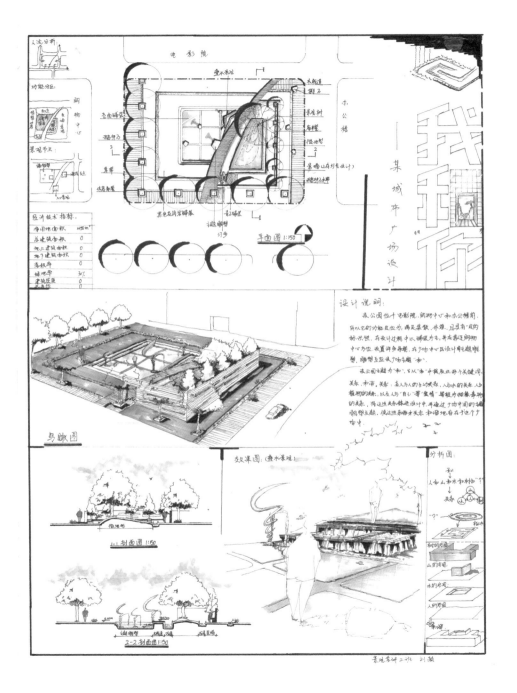

名称：001-160128-0060

方案的设计与场地定位结合精准，与周边环境协调。整体表现较好，色彩淡雅且风格统一，重点突出，制图较为规范，运用简单的黑白线条加淡彩处理，有效地表达了设计重点和设计主题，值得学习。

不足之处是方案中绿地面积不大，休憩空间较少，作为商业区的城市小广场，可考虑增加人群停留驻足空间。

名称：001-170206-0023

广场定位为居住小区，方案特色鲜明，个性突出。将折线形的七巧板元素植入小区广场，通过七巧板肌理的组合与重构，形成了对比强烈，趣味性和体验感极强的室外生活空间。通过跌水设计、地形设计、植物设计丰富了广场景观元素和场地体验，矛盾冲突对比强烈，令人眼前一亮。

美中不足是对整体颜色把控不足，色彩稍显杂乱，应加强对细节表现的处理。

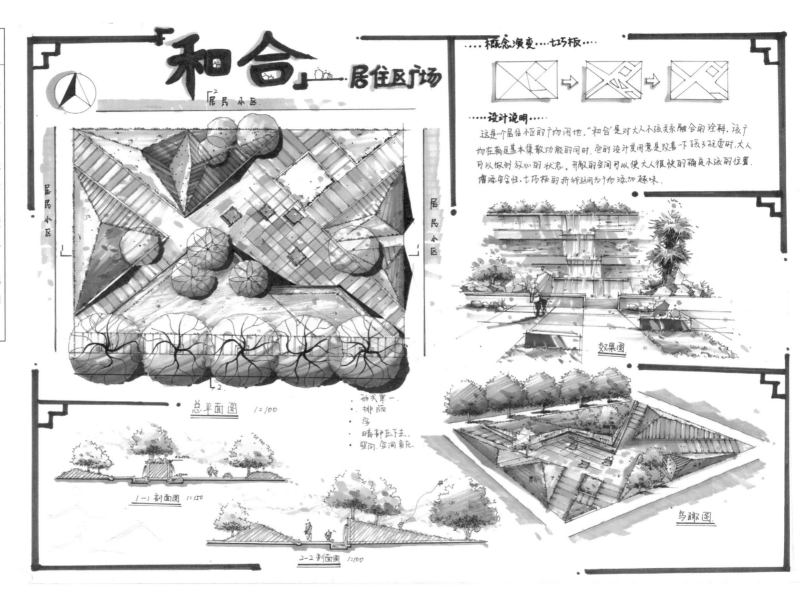

## 真题二："互联网＋"主题城市广场设计

以"互联网＋"为主题设计一个广场，广场场地为 50m×50m 的正方形，场地周边环境自定（开放性命题，无具体设计场地）。

**背景资料："互联网＋"**

"互联网＋"代表一种新的经济形态，即充分发挥互联网在生产要素配置中的优化和集成作用，将互联网的创新成果与经济社会各领域深度融合，提升实体经济的创新力和生产力，形成更广泛的以互联网为基础设施和实现工具的经济发展新形态。

"互联网＋"行动计划将重点促进以云计算、物联网、大数据为代表的新一代信息技术与现代制造业、生产性服务业等融合创新，发展壮大新兴业态，打造新的产业增长点，为大众创业、万众创新提供新环境，为产业智能化提供支持，增强新的经济发展动力，促进国民经济提质增效升级。如"互联网＋搜索"，诞生了百度；"互联网＋交易手段"，诞生了支付宝；"互联网＋商场"，诞生了淘宝。

**要求**

（1）平面图 1 张。

（2）剖面图 1 张。

（3）效果图 1 张。

（4）分析图。

（5）设计说明 100 字左右。

**真题解析**

（1）关键词：主题广场、"互联网＋"、环境自定。

（2）解读：西方学者唐纳德·沃思特曾提到，我们今天所面临的全球生态危机，起因不在生态系统本身，而在于我们的文化系统。"互联网＋"作为时下热门的关注点，是互联网思维进一步实践的结果，为各个传统行业提供广阔的网络平台。回到题目中，运用"互联网＋"思维打造一个小面积的城市主题广场，要将现代化的设计思维表现到广场内部，给予使用者切身体验。

这一城市主题广场可以自拟周边环境，结合景观、网络、艺术、新媒体打造一个极富互动性的开放空间，让广场超越传统的休闲功能，成为一个展示网络新思维的平台。城市主题广场作为一种公共场所，可以在设计中融入互联网思维，为人们提供具有艺术性、创造性的新环境，让其成为城市的一个符号。

方案主题新颖，将时下提倡的"互联网+"概念融入城市广场设计，切合了城市广场应满足现代人生活理念的需要。在处理形式上手法灵活，通过曲线与直线的糅合控制了广场的整体布局，轴线感极强。水景的设计贯穿整个空间，引导和丰富人群的空间体验。

表现手法娴熟，色彩淡雅适宜。美中不足的是局部过于杂乱，缺乏疏密空间变化，道路系统单一。在空间划分和植物布局上增加变化，整体效果会更佳。

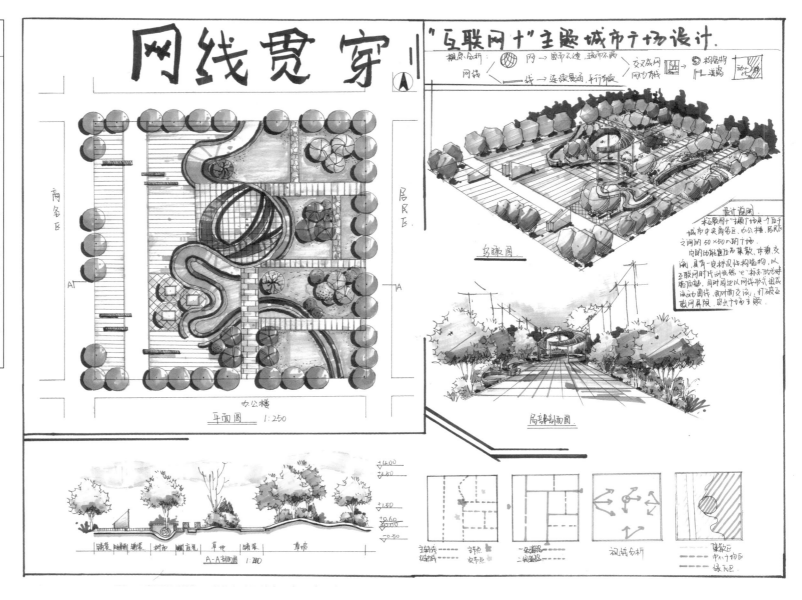

网线贯穿

"互联网+"主题城市广场设计

平面图 1:250

鸟瞰图

局部剖面图

A-A剖面图 1:150

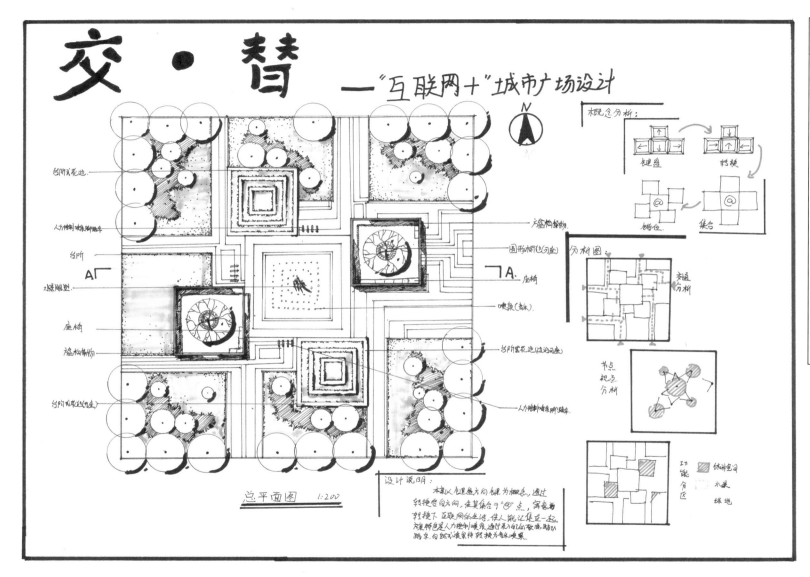

# 交·替

## —"互联网+"城市广场设计

N

设计说明: 本案以充电通方向键盘为概念,通过转接合方向,在其集合于@点,寓意而轻捷下互联网给生活,使人能让集在一起。方案特色是人力控制喷泉,通过采/自行踏动踏动鹏享,自经济浪泉特殊转换为音乐喷泉。

总平面图 1:200

概念分析:

键连盘 → 转换

转换位 ← 集合

分析图:

交通 分析

节点 视点 分析

功能 分区   休测空间  水类  绿地

- 台阶式花地
- 人力控制(喷泉脚踏车)
- 台阶
- A
- 水景雕塑
- 座椅
- 檐盈构筑物
- 台阶式花地边沿可座
- 方盈构筑物
- 圆形水钵地(可座)
- A 座椅
- 喷泉(音乐)
- 台阶蓝花地(边沿可座)
- 人力控制(喷泉脚踏车)

名称: 001-170206-0023

本方案采用方形规则式构图,使场地既具有城市广场的现代特征,也与"互联网+"的主题相呼应。通过方形元素的重复、交错、穿插来丰富场地内容,使广场规整而不失趣味性,规范了场地的活动空间。交通流线与道路系统清晰流畅,地形处理手法多样。

植物处理缺乏变化,应在乔灌木的搭配上多加推敲,增加植物的疏密对比。在空间的划分上也需增加主次对比,具体可借鉴极简主义景观作品手法(如:琦玉空中森林广场)。

方案采取极简设计手法，结合富有现代感和艺术感的景观构成，打造出时尚且颇具科技感的现代广场景观，辅以红色景观立构穿插其中，与"互联网＋"主题呼应。方案形式类似玛莎施瓦茨北京北七家科技商务区景观，富有创意和创新性，值得借鉴。

表现略粗糙，植物配置稍显单一，整体版面潦草，需注意表现细节。

"互联网+" 广场设计

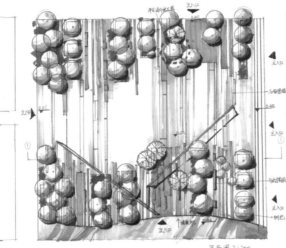

平面图 1:200

设计说明：

植物配置表

经济技术指标

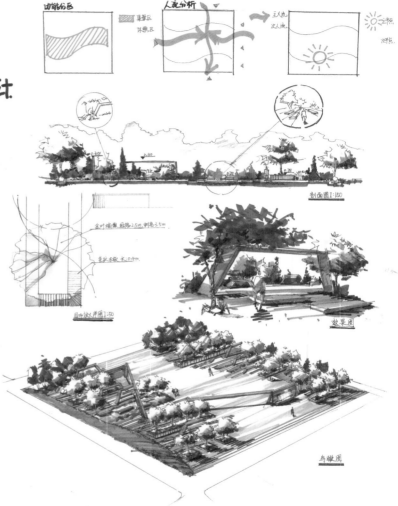

剖面图 1:150

效果图

鸟瞰图

互联网 + Light Park

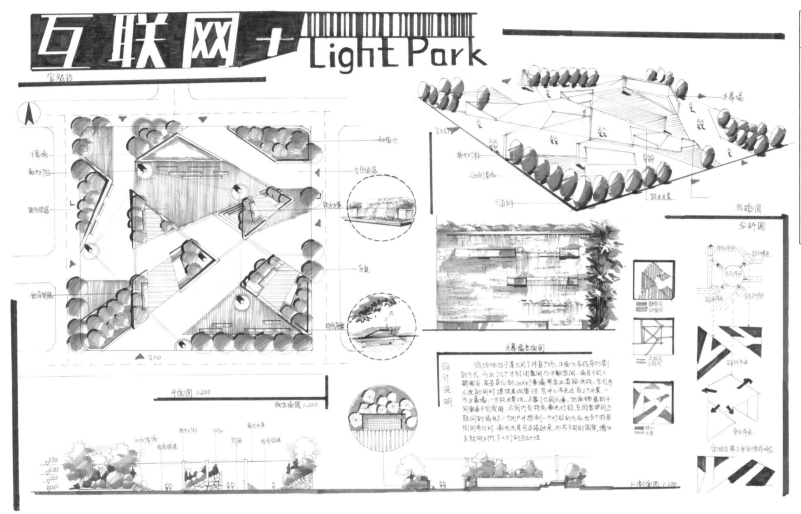

名称：001-160128-0060

　　整体版面表达思路清晰，结构脉络明确，色彩搭配适宜，增加了景观小品的细节表现。采用折线型构图方式突出设计重点与主题，导向性明显，场地与环境贯穿紧密，形式统一。

　　空间划分稍显凌乱，主次节点不明确，布局结构的含糊表达削弱了方案的整体性。

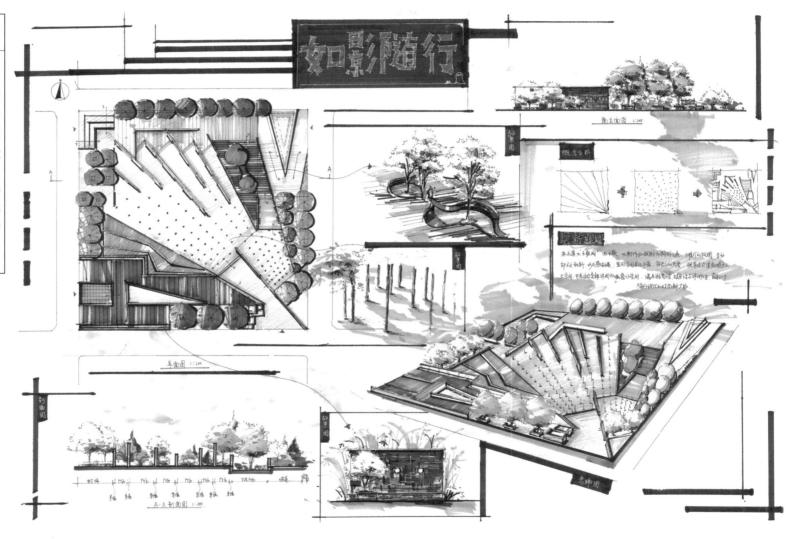

名称：001-170206-0023

　　场地尺度比例把控得当，主要通过不同的地面材质来划分广场空间。空间处理手法多样，节奏与序列感强烈，导向性明显，树池设计和景观柱设计是亮点。

　　场地外部环境交代不清晰，场地内硬质面积过大，略显单调，可增加植物景观和节点小品景观来丰富场地内容。

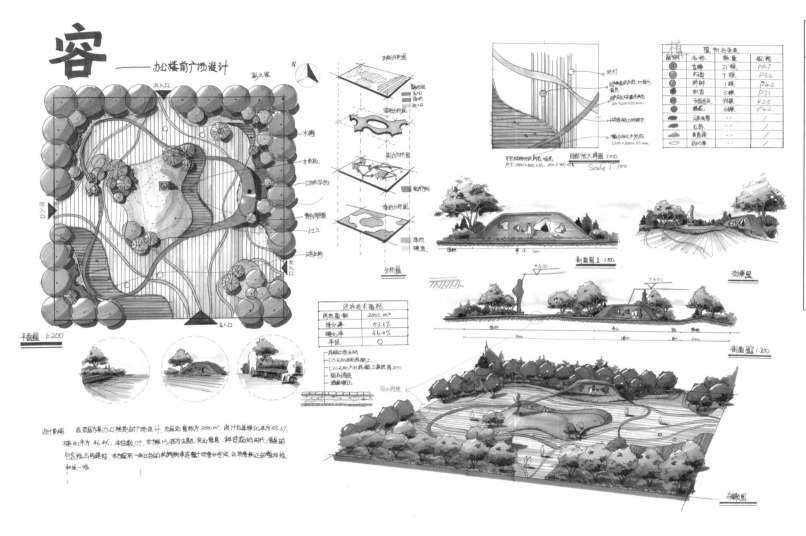

容
——办公楼前广场设计

平面图 1:200

名称：001-160128-0060

布局形式大胆新颖，脉络清晰，构图简练，周边共留四个出入口引导人群的集散，开放性强。通过景观构架、地被、道路三层系统组成整体广场布局，实现多层次的体验效果。

鸟瞰图与平面图对比略有失真，还需增强鸟瞰的把控能力。版面色彩协调统一，红色飘带为整体场地的亮点。

名称：001-160128-0060

　　方案采用墨彩形式表现手法，艺术感强，整体画面极具感染力。设计思维与表达新颖，在场地中考虑了生态修复展示空间，特色突出。通过构筑物小品的穿插，形成了趣味性的活动空间。

　　植物设计偏少，铺装面积过大，对周边场地的表现不够完整，非重点设计的场地空间处理较为随意。

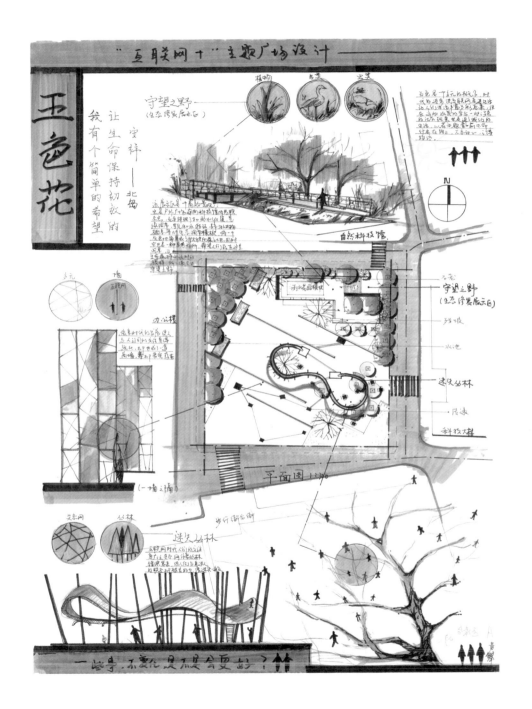

## 真题三：城市中心公园

**设计主题："变化的空间"**

项目背景：用地原为砖厂及取土区，由于烧砖取土产生取土坑和积水区，地形比较复杂，无植被。新的城市规划已将该用地规划为城市中央商业区，并保留原用地中取土区部分，约 $1.9hm^2$，拟建成中央商务区开放公园。用地周边环境如图所示，南侧有一城市内河由东向西流经用地，水位稳定；北侧为城市道路和高档社区；西侧为大型购物中心和步行街；东侧为城市道路、停车场和商务办公区。

**要求**

（1）总平面图（1：400）包括道路交通规划，功能规划，景观规划和植物景观规划。

（2）相关分析图。

（3）典型位置剖面图（1：100）。

（4）设计效果图。

（5）设计说明书（200字以内）。

**真题解析**

（1）关键词：开放公园、地形复杂、变化空间、内河、中央商务区。

（2）解读：城市中心广场作为城市居民休闲娱乐的重要场所，应兼顾城市生态系统和城市景观的双重作用。一个好的城市开放空间既是休闲传统的延续，更是城市文化的体现。在公园空间设计领域里，应充分考虑居民的行为特点及心理特点，结合周边高档社区、商业中心、商务中心的特点，在满足居民安全、休闲、交往的前提下，营造富有吸引力的城市公园。考虑到场地原基址的特殊性，可最大限度保留场地的历史和自然信息，对旧的景观结构和要素重新阐释，为静态景观注入动态元素，营造变化的空间。

题中公园原用地为砖厂及取土区，地形复杂，有多处地形凹陷，可考虑将其改造成缓坡状，创造出富有变化的地形。考虑到城市公园位于采矿及取土区，今后有可能会发生地形变化，园林景观可以以植物造景为主，避免做大型的硬质景观。在植物选择上，充分发挥原生植物改造城市环境的作用；植物配置选用乡土树种，突出本地特色。场地南区有一块积水区，由于面积偏大，建议保留。结合红线外城市河流，以及城市的排水与泄洪功能还有景观水体营建，综合治理污水。还可以结合设计适当调整水面，开展水上观光游览活动。

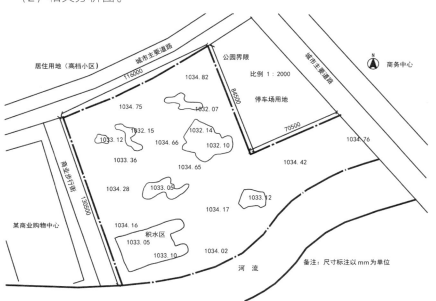

名称：001-170206-0023

方案将场地原有地形加以
保留和利用，营造了丰富的竖
向设计空间。在保留原有水体
的前提下营造滨水景观空间，
丰富景观效果。方案主次入口
清晰，空间划分明确，交通道
路系统基本满足人行需求。但
次级道路系统稍显混乱，合理
性还需推敲。

马克笔表现熟练，分析图
仍需增加必要的文字说明。

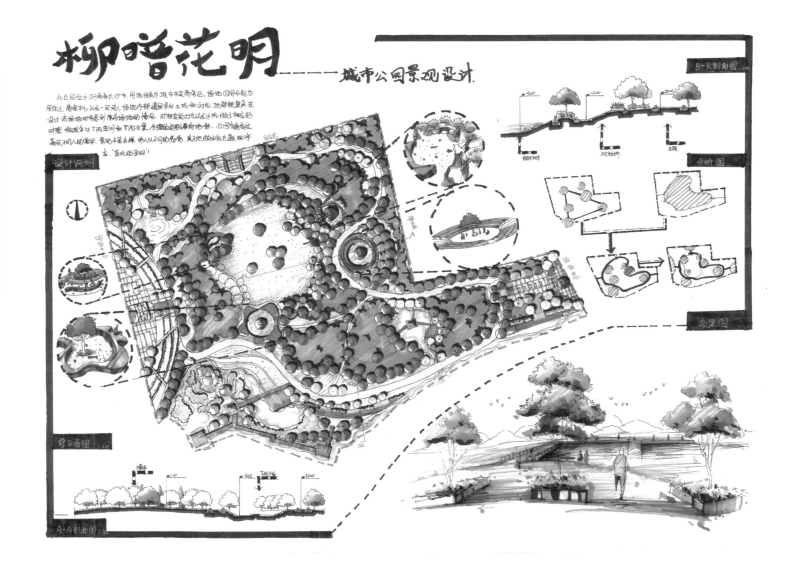

柳暗花明————城市公园景观设计

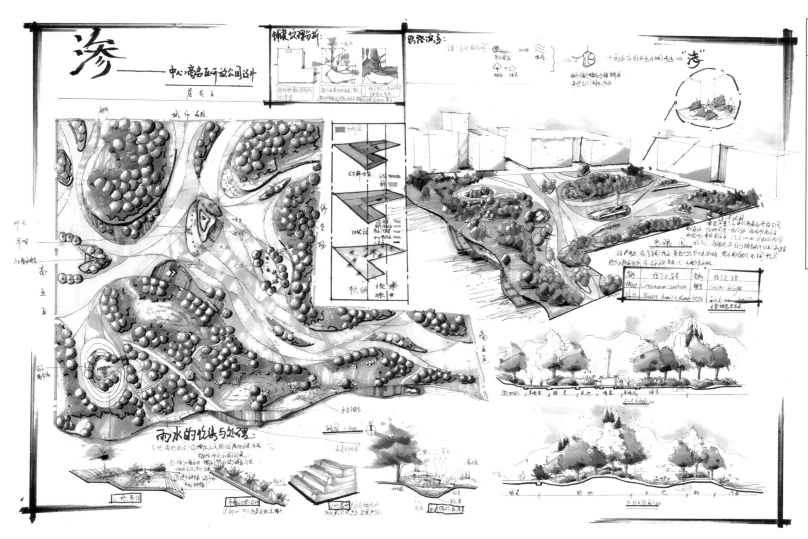

名称：001-160128-0060

　　方案以流畅的曲线为设计元素，硬质空间和软质空间所占比例适宜，空间划分具有趣味性，能满足市民日常休闲娱乐的需求。利用多种地形设计来改造原有场地。

　　道路铺装稍显空旷，缺乏内容，与周边环境衔接不紧密。

　　线条熟练，马克笔颜色丰富，感染力强。

名称：001-170206-0023

方案以折线型和矩阵式树阵为主体分隔空间，不同场地之间界定清晰，主次明确，尺度把握适宜。植物设计把握较好，能够借助植物营造更好的景观效果。

广场空间的打造给人们提供了中心活动空间，但对原水体空间的处理欠妥。

版面整洁美观，色彩表现力强，表现熟练，鸟瞰图表现略粗糙。

块艺术

绿地设计

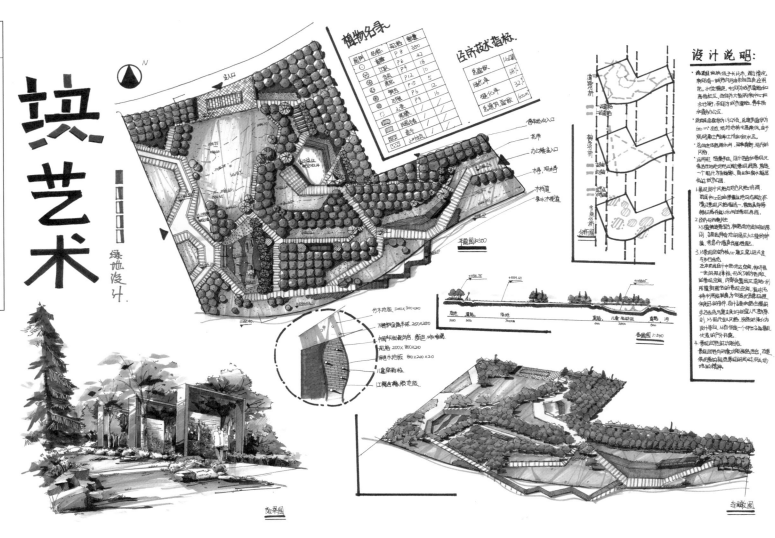

设计说明：

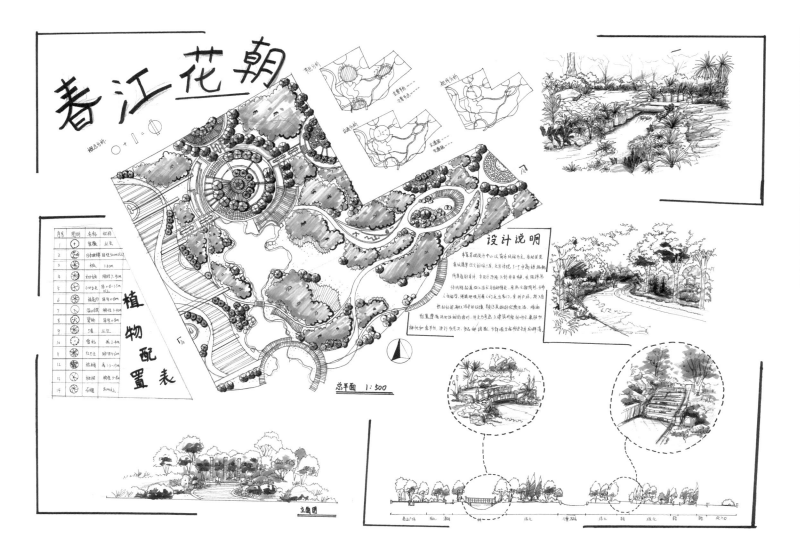

# 春江花朝

植物配置表

设计说明

总平面 1:500

立面图

名称：001-160128-0060

　　方案将场地外部河流引入公园，营造滨水景观，丰富市民休闲娱乐生活。场地功能划分清晰，道路系统明确，植被层次丰富，但对原基址地形改造表达较少。与周边商务区及高档小区的结合度不够。

　　色彩淡雅清新，画面和谐统一，平面图增加适量标注更佳。

折线型公园设计清晰明了，方法简单有效。公园内部空间的开合划分明确，道路系统可满足市民活动需求，红色景观构架为设计亮点。对原地形利用合理，竖向设计丰富。树阵景观能够快速有效营造城市景观效果，值得借鉴。

方案表现较好，线条运用熟练，但排版不够紧凑。

# ALTERNATE

中央商业区开放公园设计

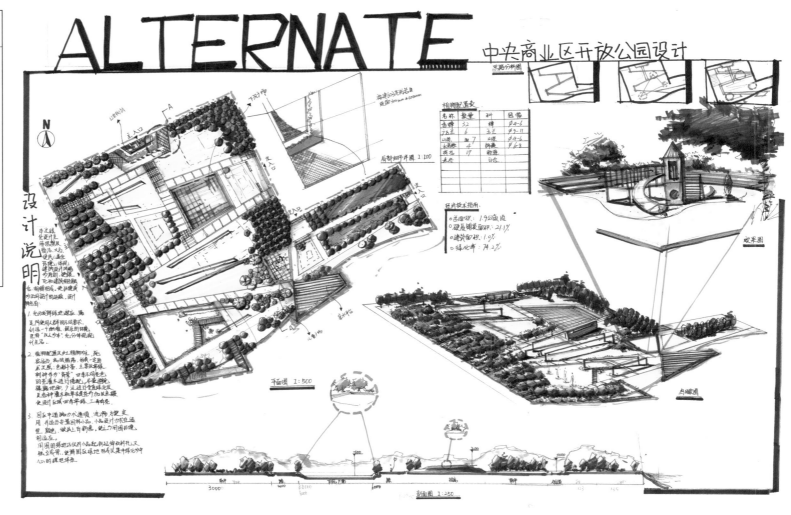

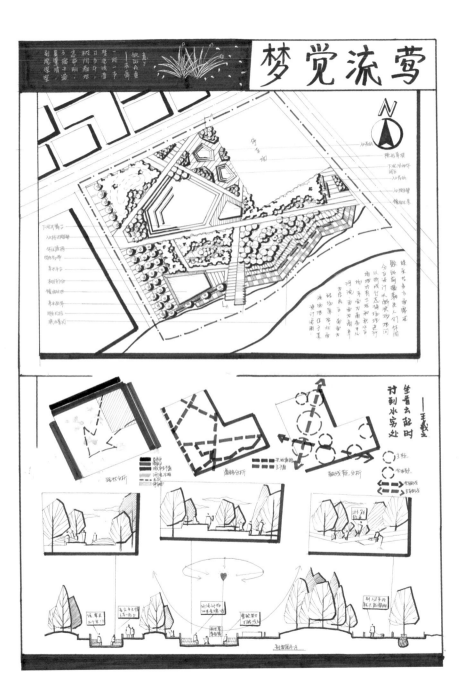

# 梦觉流莺

名称：001-160128-0060

　　该方案设计简洁有效，通过大手笔折线来划分不同区域，在不同区域内部增加细节来丰富公园内容。设计结合了周边环境特征，同时考虑了滨水景观效果，不失为一个不错的快题方案。

　　方案表现力强，富有感染力，分析图及效果图表达新颖，表现手法值得借鉴。

## 真题四：滨水公园

该场地位于某城市滨水绿地的一部分，设计时需要考虑滨水绿地的整体性，注意与周边绿地的联系。场地内最大高差近6m，设计时需要考虑高差。

### 要求

（1）设置一个20个停车位的机动车停车场。

（2）设置一个自行车停车场。

（3）在场地内合适的地方设置一个1000m²的综合型建筑（集茶室、卫生间、管理于一体）。

（4）建筑外部设置露天茶座和小型儿童娱乐场地。

（5）设置一个小型游船码头。

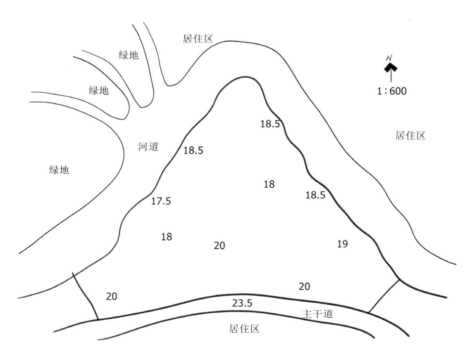

### 设计任务

（1）平面图（1：600）。

（2）鸟瞰图1张。

### 真题解析

（1）关键词：滨水绿地、高差设计、综合建筑、游船码头、游乐场地。

（2）解读：滨水公园依水而建，滨水公园景观设计应充分利用自然、人文资源，增强水域空间的开放性、可达性，为市民提供观赏、休息、文化、交流的公共绿地。在设计景观的同时兼顾城市的文化内涵和品位，甚至兼顾一定的商业价值。滨水公共空间作为改造城市环境的绿肺，在改善生态环境、促进生态循环上也应该起到一定作用。

本题中场地位于南方某城市滨水基地，两面环水，一面环路，且内部高差较大，在滨水绿地设计中要结合场地实际情况，本着滨水空间的开放性原则，塑造场地景观的开放性、可达性和亲水性，同时彰显场地的文化性特征。在交通系统设计上，既要保证游览者能够欣赏步移景异的滨水景观，也要保证游览者彼此的交流互动。

由于原基址地形较复杂，高差差异较大，可考虑结合基地现状高差，布置亲水平台、生态植被、游步道等内容，丰富景观序列形式，增强滨水公园的立体化景观效果。在植物景观营造上，应注意结合水生场地的实际，在水岸周边考虑通过水生植物来围合场地空间。由于题目中明确要求有建筑、停车场、游船码头设计，因而如何将这些内容与滨水绿地协调统一，也是设计者需要重点考虑的内容。

名称：001-160128-0060

该方案结合了基地的自然和人文特征，通过大尺度草坪、构筑物、滨水驳岸的设计给游览者强烈的视觉感受。公园内部提供多种娱乐区域，便于游人在此休闲娱乐。在植物上结合了滨水地域特征，营造了湿地景观。

彩铅表现细腻，手法娴熟，版面整洁紧凑，场地尺度把握准确。

城市滨水公园设计

飞鸟屿渔

名称：001-170206-0023

方案尊重场地肌理，将场地轮廓作为公园绿地内部空间序列走向，协调了场地与周边环境的关系。场地空间划分清晰，交通系统明确，丰富的细节设计能够增加公园的可观赏性和参与性。美中不足的是植物配置稍显不足，导致小空间琐碎，整体性不强。

分析图表现新颖，值得借鉴，鸟瞰图透视准确，表现到位。

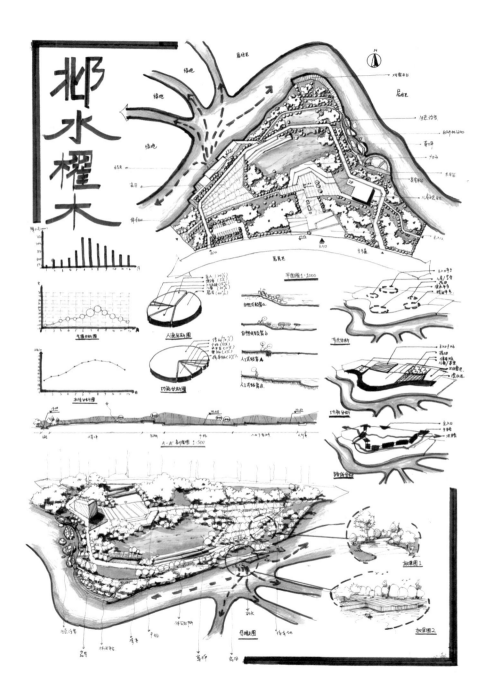

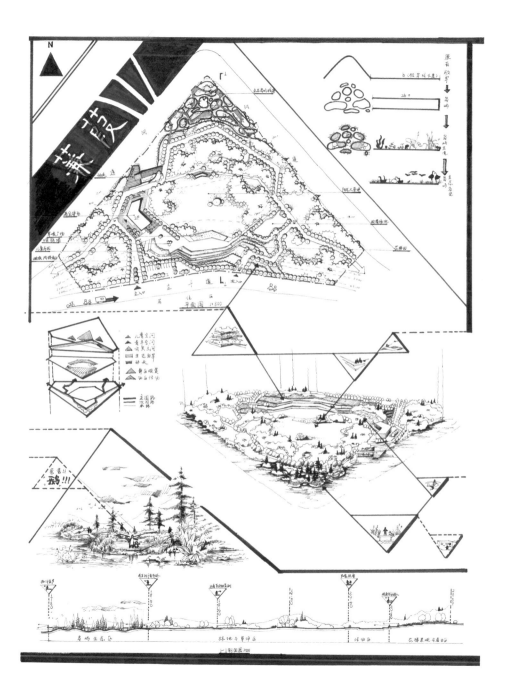

名称：001-160128-0060

　　空间尺度把控力强，对原有驳岸的生态性改造体现了滨水公园的生态性特征。折线型空间布局简洁有效，节点细节设计到位，植物空间围合较好，能给予游览者不同的游览体验，增加人们的参与性。建筑及停车位设计合理，满足了人们的功能性要求。

　　线条熟练，版面设计趣味新颖，黑白色调的视觉设计冲击力强，效果图表现较好。

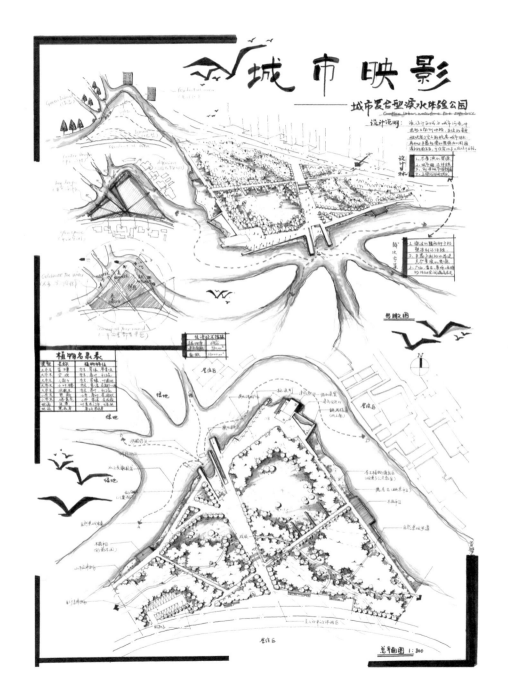

名称：001-170206-0023

方案结合红线外周边环境来设计滨水绿地，将公园与外部环境融为一体，主次道路划分清晰，空间结构明确，滨水空间处理丰富，对城市公园理解准确，但对内部高差的处理和竖向设计表达不充分。

版面整洁舒适，色彩表达清新、简洁，若能对应题目要求对建筑、游船码头等设计给予更详尽的表现更好。

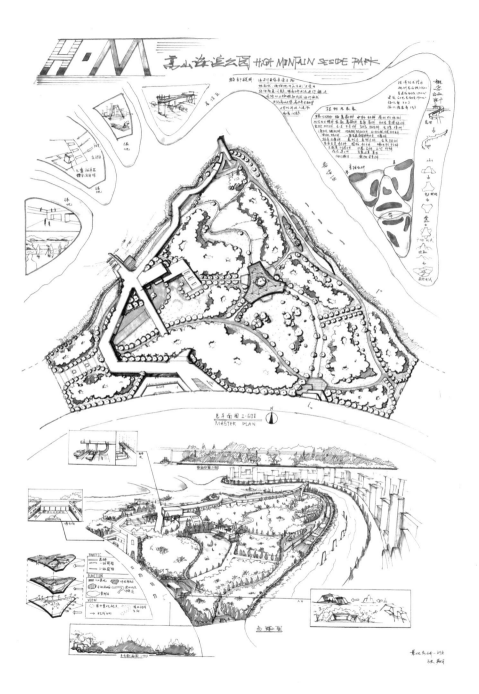

名称：001-160128-0060

　　方案根据自身设计需求对滨水驳岸适当改造，整个场地更加统一和谐。高架桥式的观景平台是方案亮点，既满足了游人在其中观景眺望的需求，也解决了场地的地形高差。植物配置丰富，乔灌木搭配多样，但林缘线稍显死板。

　　整体表现较好，色彩浓淡适宜，分析图表现仔细，鸟瞰图把控力强。

## 真题五：步行街入口广场

基地位于广州西关某骑楼商业步行街改造项目的入口区域，红线（虚线）范围内为设计范围，原则范围内的建筑可拆迁，基地总面积约 1200m²。基地西南侧连接商业步行街，东北侧连接城市次干道，次干道另一侧为城市商业铺面。场地内有一棵百年榕树。场地南侧中部为民国时期修建的老祠堂，周边建筑基本为同时期两层砖混民宅。场地标高为 7.00~9.50m。

### 要求

本设计包括两个部分：入口广场规划设计和游客信息中心建筑设计。

（1）与商业街的功能联系，承担商业街入口节点功能。

（2）要求保留古榕树。处理好道路、广场、园林、商业街的高差关系，并满足环境无障碍设计的要求。

（3）场地设计及交通设计，场地范围内结合道路考虑 3 个小车临时停靠位，不需要考虑固定停车位。

（4）游客信息中心建筑，层数 1 层，能承载入口广场的形象和相关基本功能。

### 真题解析

（1）关键词：商业步行街、入口广场、游客建筑、岭南特色。

（2）解读：不同高校的出题思路往往带有明显的地域特色，本题中华南理工将场地的基址定位在了广州西关的"岭南风格园林"商业入口广场，这提醒考生首先要学会从不同地域园林特色入手去设计方案，才能做到因地制宜。题中的步行街商业广场设计，需建立在对岭南园林、骑楼建筑、广东民宅的特色有一定了解和把握的基础上。该场地共 1200m²，面积不大，再结合岭南造园规模小的特点，广场的设计应以静观近赏为主，动观游览为辅。结合步行街入口广场的功

能要求，保证人流的集散和道路的通畅性。

在方案设计中，除满足人流汇聚和引导的基本功能之外，还应该起到标志性和骑楼风格商业街的形象展示和地域标志功能。本步行街入口广场中的场地分析非常重要，原有地形高差较大，需要通过方案设计在保证景观效果的同时满足人们的行为需求，设置临时停车位。老祠堂周边应满足园林为建筑服务的需求，原有榕树应在保留的同时做到与整体入口景观相融合。而游客信息中心建筑也是设计重点，应兼顾建筑的功能以及与周边环境的协调。

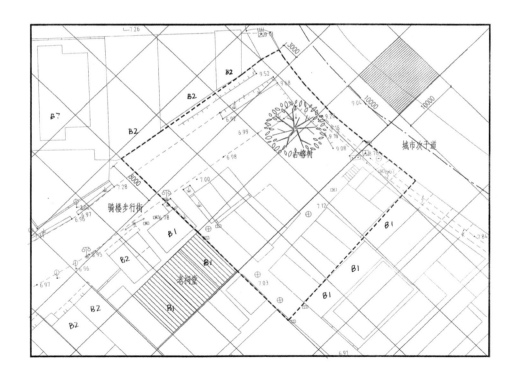

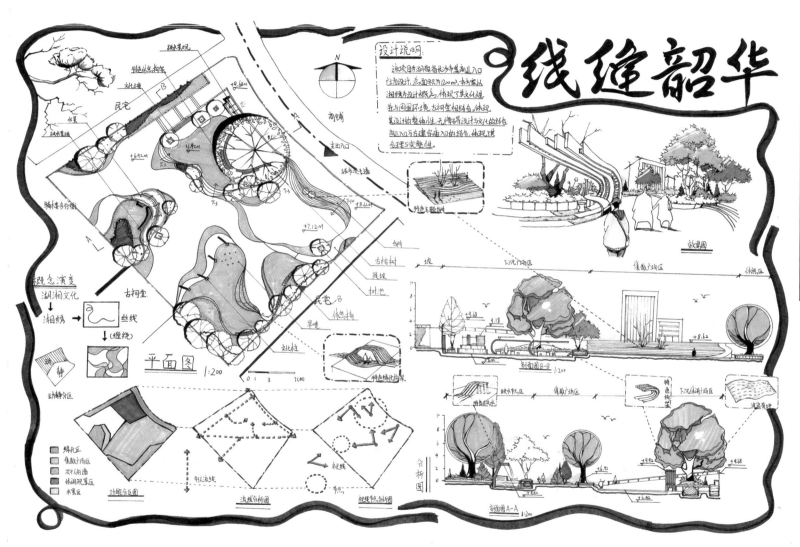

# 线缝韶华

名称：001-160128-0060

设计说明:

本项目为湖南省长沙市某商业入口广场设计,总面积为1200m²,本方案从湘绣为设计概念,体现了其文化性并与周围环境,古祠堂相结合,体现其设计的整体性,无障碍等设计与文化的结合,即入口与古建家庙入口的结合,体现设计的合理性与实践性。

概念演变
湖湘文化
↓
湘绣 → 丝线
↓
(缠绕)

动静分区

平面图 1:200

功能分区图

流线分析图

视线节点分析图

剖面图B-B 1:200

剖面图A-A 1:200

分析图

效果图

方案简洁流畅,曲线型景观与道路的处理突出了商业入口的活泼生动。通过台阶与跌水景观巧妙解决了场地高差,林下空间的设计丰富了入口广场的实用性。方案主题突出,能够结合地域文化突出场地的标志性。空间开阔,可满足人流集散。

色彩淡雅清新,排版紧凑合理,重点突出。植物配置稍显薄弱,还需加强。

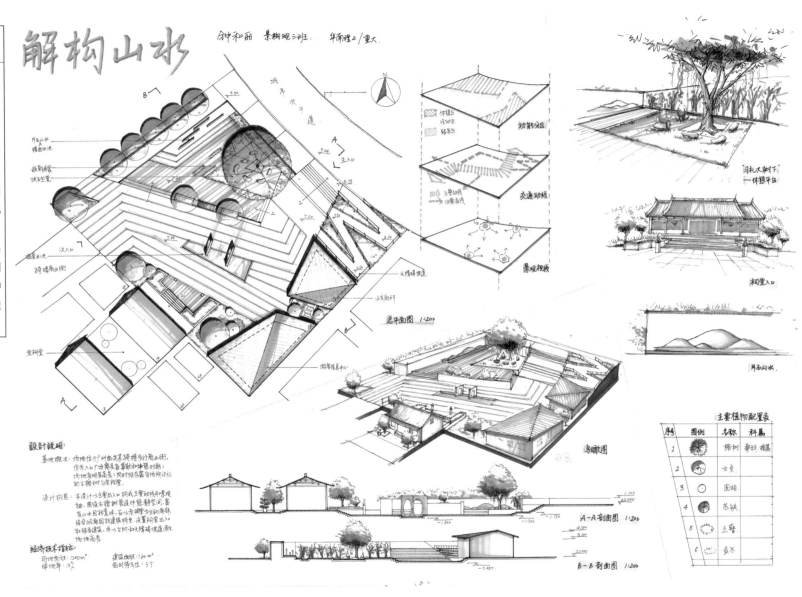

名称：001-170206-0023

　　方案采用折线型布局，在场地中心设置大面积硬质空间以满足人流集散和休憩。在形式上，点、线、面空间组织丰富，但空间整体性不强，竖向上无障碍通道与场地的结合较好。整体方案稍显空旷，还需增加植物以及景观细节，做到静观为主、动观为辅。

　　竖向设计表达丰富，但鸟瞰图潦草。景观小品的效果图表达有透视误差，植物配置种类还应丰富。排版还可更加紧凑。

解构山水

总平面图 1:200

鸟瞰图

A-A剖面图 1:200

B-B剖面图 1:200

主要植物配置表

| 序 | 图例 | 名称 | 科属 |
|---|---|---|---|
| 1 | | 榕树 | 桑科 榕属 |
| 2 | | 女贞 | |
| 3 | | 圆柏 | |
| 4 | | 苏铁 | |
| 5 | | 玉簪 | |
| 6 | | 麦冬 | |

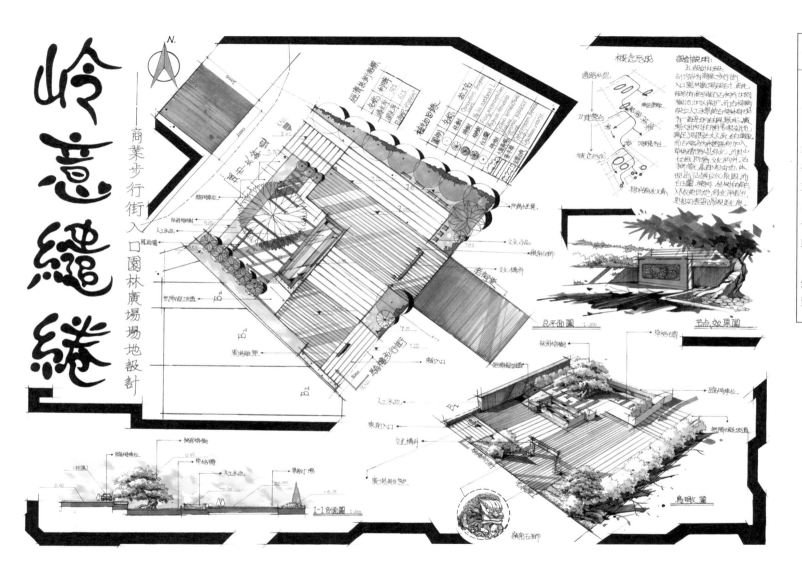

岭意缱绻

——商业步行街入口园林广场场地设计

名称：001-160128-0060

方案构图简洁，空间划分清晰，满足了步行街商业入口的基本要求。但空间缺乏景观细节导致空间感变化不强，老祠堂入口与骑楼步行街入口形式单一，缺乏变化。主道路空间还可增加景观小品来延伸设计深度，引导人们在商业入口驻足停留。

排版紧凑有序，画面线条处理娴熟，色彩把控力较强，竖向内容丰富。

方案以椭圆为设计元素，构图流畅，道路系统清晰，景观细节丰富，主次明确，动静区域有区分。竖向设计丰富，乔、灌、草搭配合理。但该场地作为步行街入口广场标志性和引导性不强，还需调整。

单色的方案表达简洁新颖，排版新颖有序，鸟瞰图稍显简单，还需丰富细节，分析图还可增加文字说明。

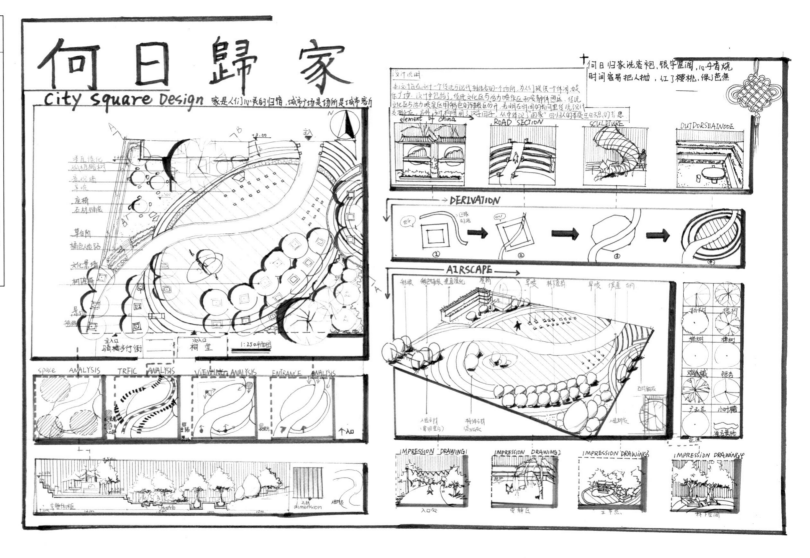

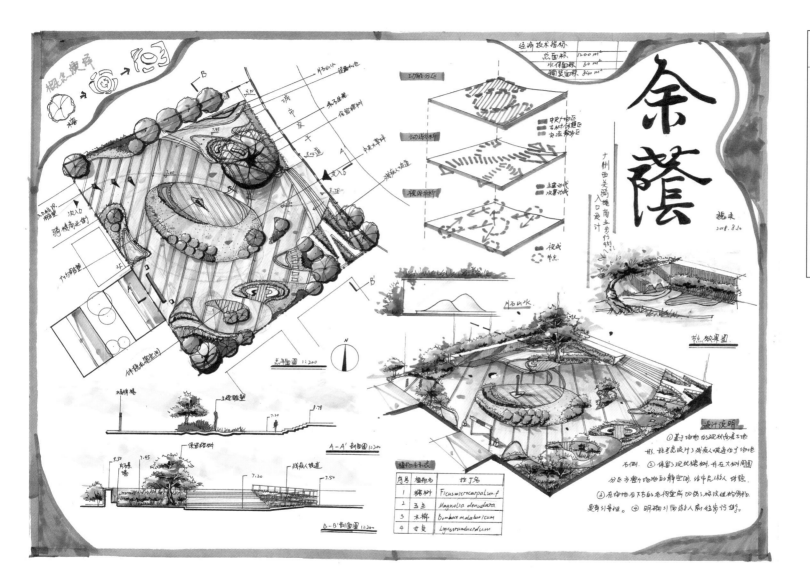

余蔭

广州西关骑楼商业步行街入口设计

入口设计简洁明了，大面积的硬质铺装可满足商业街入口人流的集散。高差借助台阶和残疾人通道的处理，使交通流线明确。保留树木突出为景观重点，祠堂入口做了景观强调。

排版整洁，马克笔运用熟练，制图较规范，植物配置还需突出岭南特色。

经济技术指标
总面积　3200 m²
水体面积　50 m²
硬质面积　840 m²

功能分区

动线分析

视线分析

总平面图 1:200

A-A' 剖面图 1:200

B-B' 剖面图 1:200

效果图

设计说明

植物名录

| 序号 | 植物名 | 拉丁名 |
|---|---|---|
| 1 | 榕树 | Ficus microcarpa linn.f |
| 2 | 玉兰 | Magnolia denudata |
| 3 | 木棉 | Bombax malabaricum |
| 4 | 女贞 | Ligustrumlucidum |

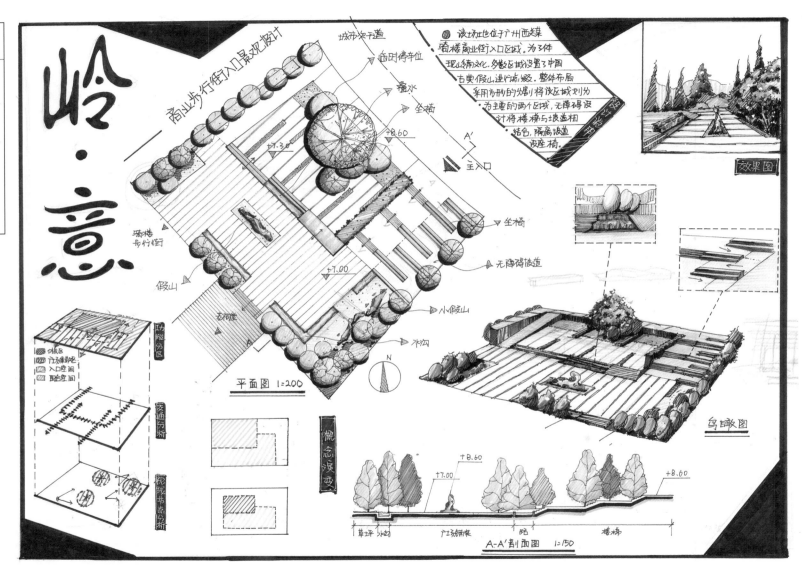

岭·意

商业步行街入口景观设计

平面图 1:200

A-A'剖面图 1:150

效果图

鸟瞰图

概念演变

功能分区

交通分析

视线节点分析

# 真题六：商业广场景观设计

大型住宅社区，商业、饮食、娱乐、办公建筑群内的休闲娱乐综合体景观设计。

**要求**

（1）合理规划步行街的游览路线、带状与面状景观设计，满足步行游览、娱乐性和休闲性。

（2）合理规划临时停车位，商业餐饮建筑的供给通道。

（3）景观设计立意为现代与时尚的新型社区，休闲、环保、休息等功能性设施的设置。

（4）广场内为步行区，考虑消防通道，不少于 3.5m。

**真题解析**

（1）关键词：步行区、商业街、现代时尚、休闲娱乐景观设计、新型社区。

（2）解读：题中地块周边建筑类型丰富，考查设计对周边地块定位的精准性，如何处理好场地与办公、商业、娱乐等周边环境的衔接是设计重点。商业区景观主要为人们提供步行、休憩、社交等功能，需要将商业街中的景观元素与场地的高品质现代时尚的定位结合起来。本地块作为线性带状商业街，具有视觉引导性。可考虑在设计中增添流动空间和休憩空间。其中运动空间引导行人双向流动，休憩空间留给人们驻足停留。

周围高容积率的建筑格局，使得场地内部具有高流动性和大人流量的特点。场地中间的娱乐、商业、美食建筑中间的地块，在功能上需要聚集人气，吸引人们互动参与，一侧的办公与公寓周边一般仅需提供上下班和中午休息时的短暂休息处，另一侧的酒店周边则需要打造突出酒店主题的景观—文化一体化的户外空间。因此需要根据场地不同地理位置的潜在使用需求做好各地块景观设计，做好各部分区域衔接。考虑到场地设计现代与时尚的主题，可考虑在其中加入水景、

景观立构、植物造景等现代化气息浓厚的景观小品来渲染新型社区商业街氛围，打造场地的高品质和独特性（经典案例：日本东京六本木新城 Roponpgi Hills、日本福冈博多运河城）。

在交通方面，题目中已明确说明需考虑临时停车位和消防通道，因而在设计伊始就应将交通流线考虑在内，做好商业步行街的人流疏散和聚集。同时也要通过交通流线设计避免对局部建筑的使用造成干扰。

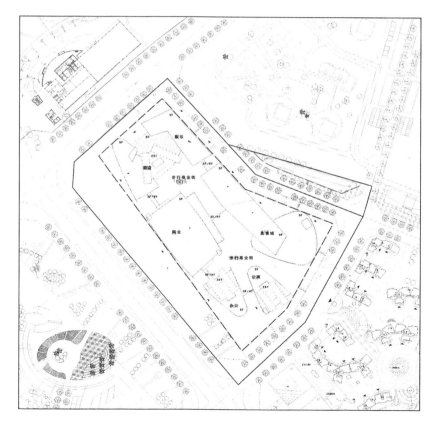

方案构图简约统一，采用流畅的曲线设计和元素布局贯穿整个商业街，空间脉络清晰，尺度适宜，采用的风帆元素与设计主题呼应，整体版面和谐完整。

方案考虑了周边建筑的潜在使用特点，与周围环境衔接较好。但商业街内部空间稍显单调，可考虑适当丰富景观元素，增加行人空间体验感和趣味性。

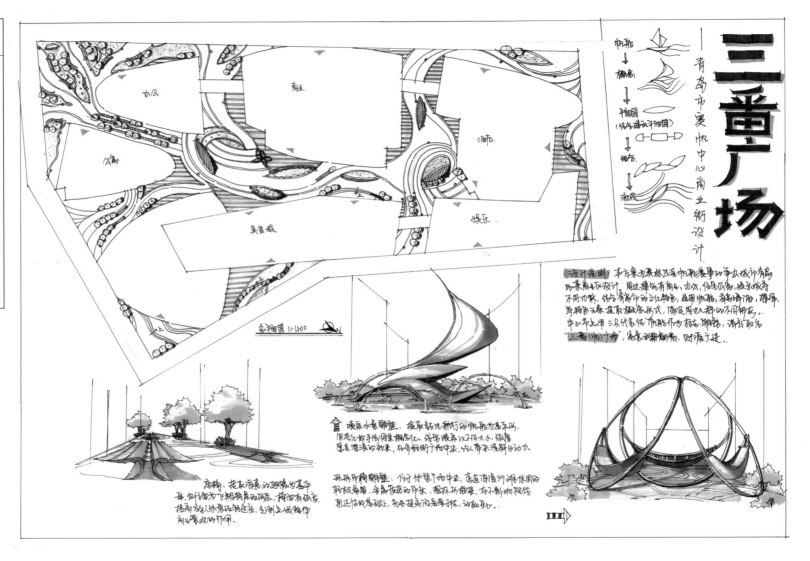

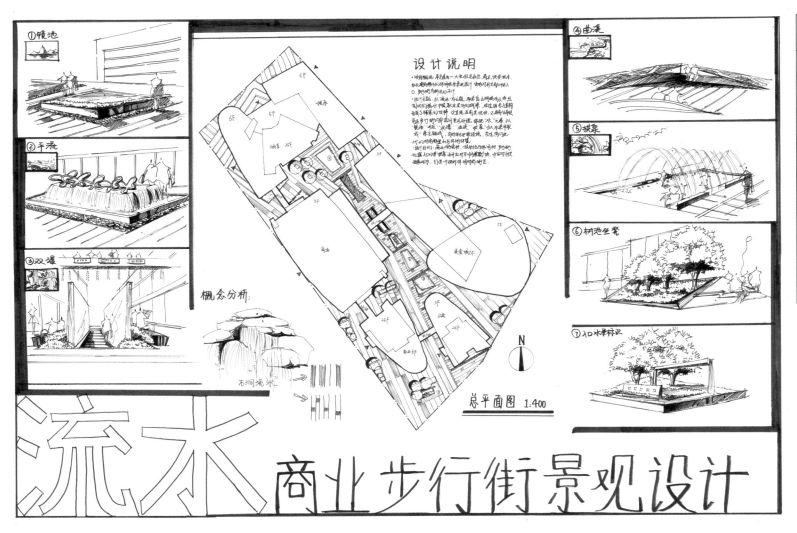

① 镜池

② 平流

③ 双漫

概念分析

石洞流水

④ 曲溪

⑤ 拱泉

⑥ 树池坐凳

⑦ 入口水景杯观

设计说明

总平面图 1:400

N

流水 商业步行街景观设计

名称: 001-160128-0060

方案采用直线型布局，运用几何型、大小不一的节点广场对线性商业街进行"打断"，形成了疏密有致、空间变化感强烈的外部步行广场。在入口外部空间上运用退让及扩张等空间收放的处理手段，使得场地本身与外环境形成较好的过渡。

整体构图清晰，版面布局合理，黑白线条流畅，效果图表现突出，主次适宜。

名称：001-170206-0023

　　通过曲线的设计与景观元素的穿插将建筑和商业街衔接起来，形式上，点、线、面空间组织丰富，竖向上做了一定变化，增加了行人的参与和互动性。但空间划分稍显破碎，对场地的潜在使用价值理解不透彻，导致不同地块景观设计的针对性不强。

　　效果图表现较好，重点突出，但是整体版面不够紧凑。

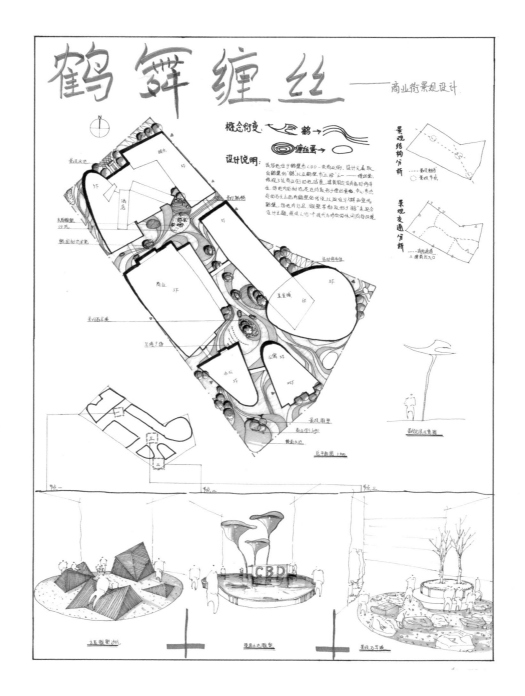

鹤舞缠丝——商业街景观设计

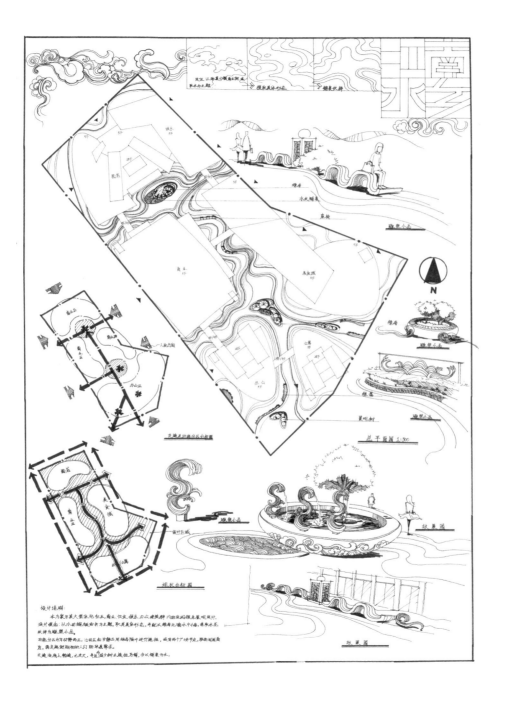

　　方案将设计主题贯穿于平面构图和景观小品设计的方方面面，设计与主题呼应，设计元素表达娴熟流畅，对线条表现的运用较好，画面干净和谐。将建筑、人行道和露天空间交织穿插，营造出城市与步行街完美融合的景象。新颖的节点设计，延伸了视觉的角度，增加了空间流畅性。

　　版面布局合理，主次突出，分析图表达清晰。不足之处是场地内部景观较少而显得设计单薄，不足以营造出休闲娱乐的景观氛围。

## 真题七：棕地公园景观设计

基地位于南方某城市靠近郊区的地方，基地南高北低，面积接近20000m²，原来是煤炭生产基地，现在已经废弃。基地外围东、西、南三面环山，使基地形成一个凹地，背面为城市道路和绿地。基地现状：基地内部北面有一条城市的排水渠，宽4m；基地被中部1个高约4m的缓坡一分为二，分为地势平坦的两层场地。

### 要求

（1）充分利用基地的外部环境和内部特征，通过景观规划设计使其成为市民休闲游憩的一个开放空间。

（2）基地当中要求规划集茶室、咖啡室于一体的休闲建筑，可设置1个，也可以分散设计。

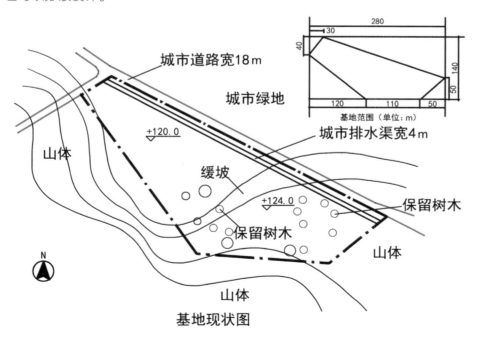

基地现状图

**真题解析**

（1）关键词：南方基地、休闲游憩、建筑设计、4m缓坡、凹地。

（2）解读：棕地是指被遗弃，闲置或不再使用的旧工业和商业用地及设施。棕地公园的景观设计应最大限度实现对其的转型应用，改变周边环境质量，体现对旧工业和城市的保护，展现景观的新文化和可持续发展理念。题中对废弃煤炭生产基地的改建除了满足市民休闲公园基本的功能需求外，还应从环境视角出发，解决土壤、植物、水文等问题。

该场地地势南高北低，场地中间有4m缓坡，周边有山地和城市排水渠，现有地形较复杂，在设计时应利用好现有资源，做到棕地公园改建的因地制宜性。在棕地公园的特殊性功能方面，可考虑重新建造生态景观，通过景观设计唤起人们对自然和煤炭工业的历史回忆，并将此作为园区的设计亮点。在场地现有保留植物的基础上，可适当丰富植物景观，营造集休闲、娱乐、教育、文化于一体的大众性公园，最大限度地利用基地的原有素材，同时也可为青少年和儿童的教育提供创新基地（参考案例：上海辰山植物园、德国北杜伊斯堡公园、西雅图煤气公园）。

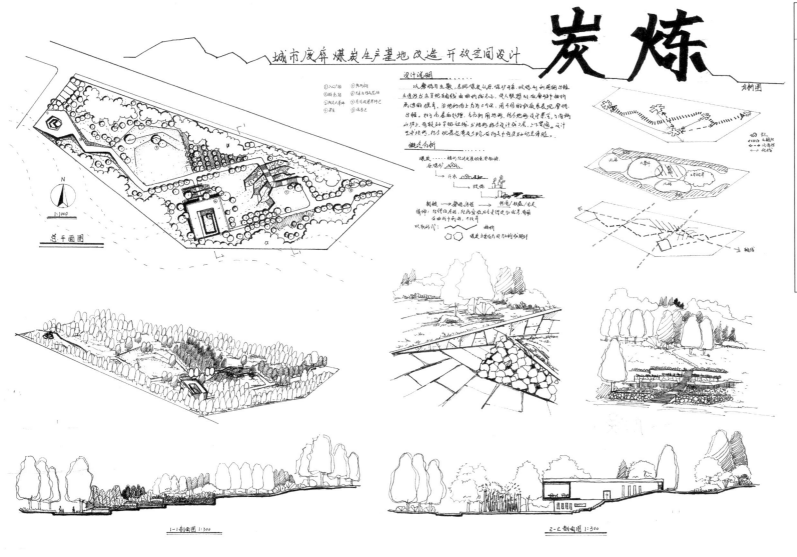

城市废弃煤炭生产基地改造 开放空间设计

# 炭炼

鸟瞰图

名称：001-160128-0060

　　方案在保留废弃煤炭基址的基础上，利用原有场地元素加以改造。入口设置合理，空间划分明确，交通系统的设置能够满足日常休闲活动的需求。中心景观以大面积草坪为主，以保证两侧视线的通透性。在缓坡的处理上，利用坡道、台阶、平台连接上下两层场地。

　　线条运用熟练，建筑布局合理，鸟瞰图和剖面图可适当增加标注。

总平面图

1:1000

设计说明

概念分析

1-1剖面图 1:300

2-2剖面图 1:300

名称：001-170206-0023

方案采用折线型设计来贯穿全园，将主题渗入场地内部多个细节当中。通过景观节点和植物空间的营造，形成了富有体验性和趣味性的公园空间。画面色彩感强，马克笔运用熟练。版面中增加的生态处理和工程材质细节是画龙点睛之笔。

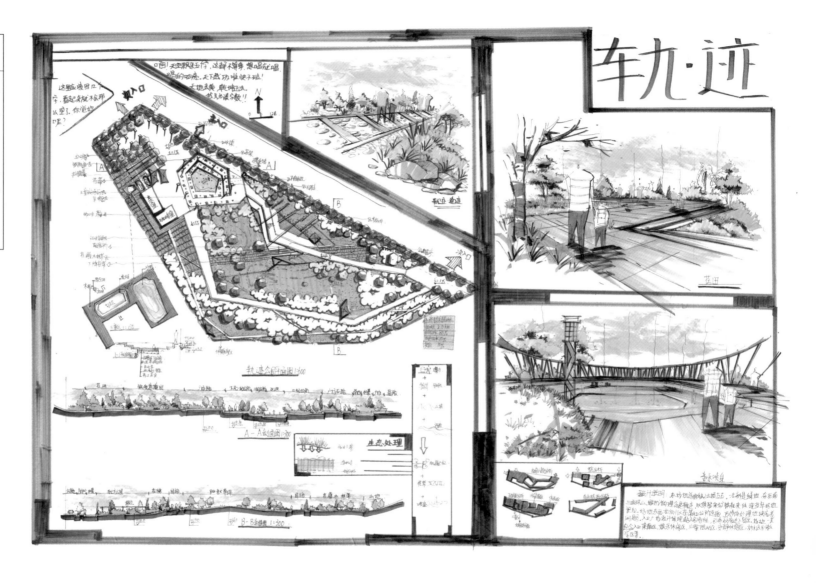

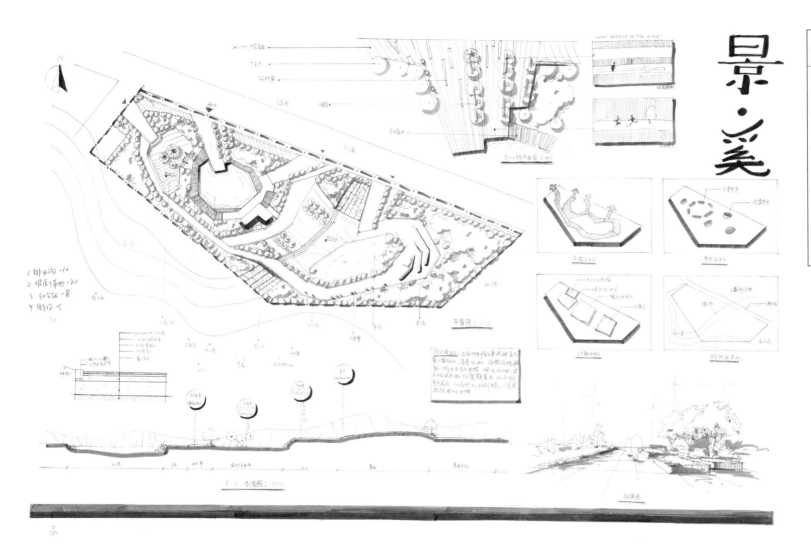

景·美

名称：001-160128-0060

方案设计较具个性，不规则形式的节点突出了场地原有工业废弃旧址的特征。场地内部景观细节丰富，可增加游览的体验感。植物的空间围合较好，但硬质铺装面积稍大。

单色表现的感染力强，线条熟练，还需增加必要的设计说明。

　　方案采用大手笔弧线来形成整体景观和交通系统，场地把控力较强，尺度适宜，缓坡上增加架空景观眺望台以丰富市民观景体验，方便人们欣赏棕地公园整体生态系统。景观小节点的布置，在不影响动植物生长的同时提供了近距离观察的可能性。

　　整体表现佳，文字说明到位，平面图和鸟瞰图表达明暗关系的方式值得借鉴，但效果图表现潦草。

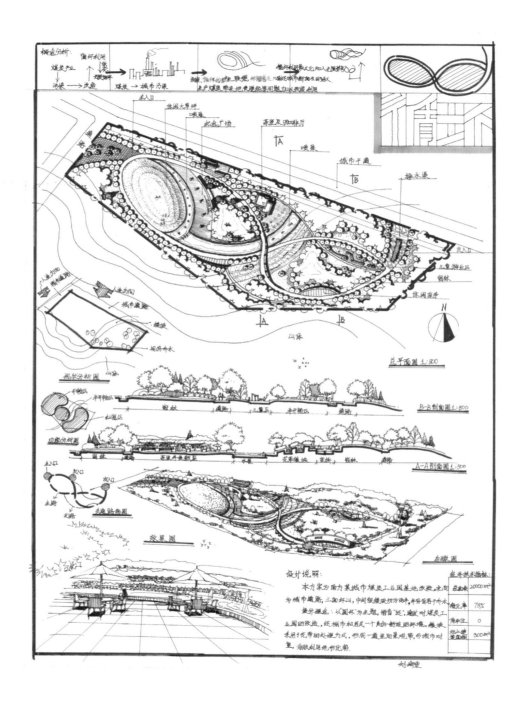

## 真题八：城市滨水休闲广场景观设计

基地位于海口市，为热带海洋季风气候，全年日照时间长，全年平均温度23.8℃。自北宋开埠以来有千年历史，2007年入选国家级历史文化名城。

基地位于海口中心滨河区域，总面积11600m²，南为城市主干道宝隆路（48m双向6车道），对面为骑楼老街区，始建于南宋，为标志性旅游景点。基地北临同舟河，河宽180m，北岸为高层住宅，同舟河一般水位为3m，枯水位为2m，规划为百年一遇的防洪需求，百年一遇的防洪标高为4.5m，东侧共济路（22m双向4车道），为城市次干道。基地内西侧有20世纪20年代末灯塔一处，高约30m，东侧有几棵大树，其余为一般性植被或空地。

### 要求

（1）基地要求规划1处滨河休闲广场，满足居民日常游憩、聚会和集散的需求，要求考虑城市防汛安全，又能保证一定的亲水性。

（2）地下小汽车停车位不少于50个，地面旅游巴士（45座式）临时停车位3个，自行车停车位200个。地下停车区域在总平面图上用虚线注明，地上车位需要明确标出。布置1处节庆场地，能满足500人以上的集会所需，并成为海口市一年一度的骑楼文化节开幕式所在地。

### 真题解析

（1）关键词：热带海洋季风气候、滨水休闲广场、历史特色、防汛安全、节庆场地。

（2）解读：城市休闲广场在提高城市活力、体现城市形象方面作用重大，而城市滨水休闲广场更应具有丰富的景观内容和较强的识别性，同时兼顾市民活动、文化展示、休闲娱乐的作用。该基地地处海口，历史悠久，且周边环境有明显地域特征，因而在进行方案构思时要结合实际情况，本着城市休闲广场的开放

性原则，彰显出地域特色。在交通系统设计上，既要保证游览者能够欣赏步移景异的滨水景观，也要保证游览者的交流互动。

本题中滨水休闲广场应注意与城市整体空间结构的联系，创造开放性的绿地空间，保持和突出建筑物和骑楼的历史特色。题中提到的关于滨水驳岸的设计，应兼顾景观和防洪的双重需求，处理好安全与亲水的矛盾。关于停车位的设计，应注意地下停车位的上方不宜设置大体量构筑物，也不宜种植大乔以及深根系植物。由于原基址地形较复杂，高度差异较大，可考虑结合基地现状高差，布置如亲水平台、生态植被、游步道等内容，丰富景观序列形式，增强滨水公园的立体化景观效果。原有大型乔木建议保留，植物配置要符合热带海洋季风气候的环境背景。

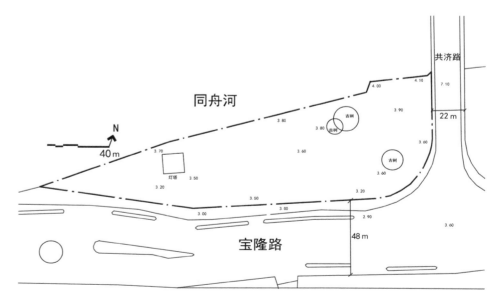

方案道路系统清晰，空间划分明确，植物种植疏密有致。通过硬质与软质空间的设计带给人们强烈的视觉感受。广场内部景观细节丰富，为人们提供了休憩、交流的场所。但滨水空间设计单一，还应考虑滨水驳岸的生态性和观赏性。

马克笔运用熟练，手法娴熟，竖向设计表达丰富，还可增加设计主题的分析内容。

# 怡水 —— 城市滨水休闲广场设计

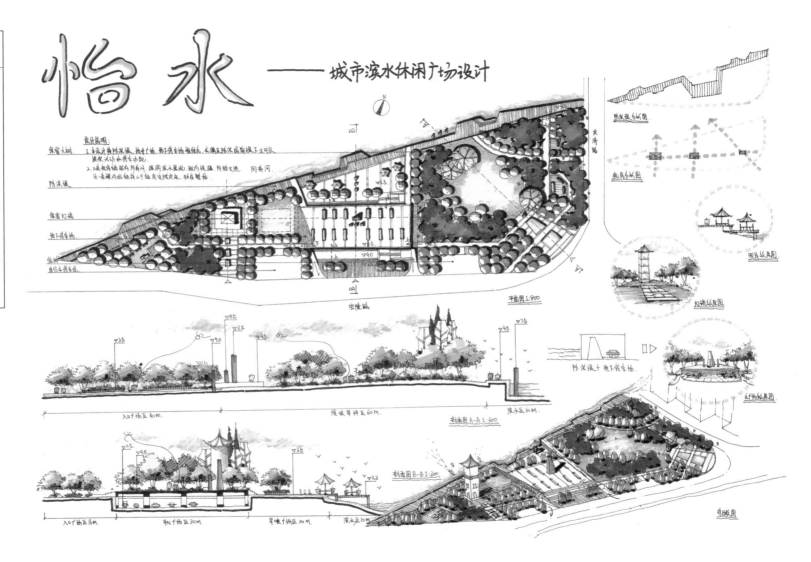

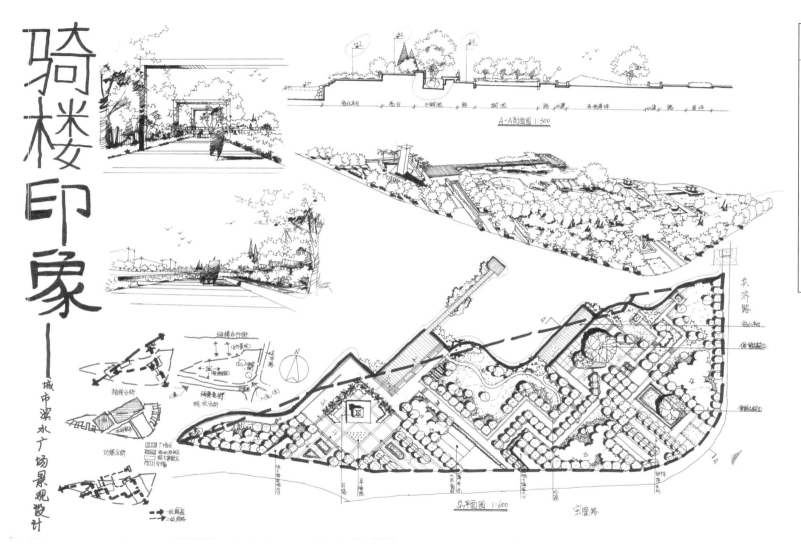

骑楼印象——城市滨水广场景观设计

名称：001-160128-0060

　　方案采用规则式折线布局，通过流畅的交通系统划分空间，功能合理，主次分明。驳岸处理丰富，兼顾了滨水空间的观赏性和生态性。场地尺度亲切宜人，为人们提供了不同的景观空间体验。植物空间丰富，乔、灌、草搭配合理。

　　线条运用娴熟，黑白色画面冲击力强，但缺乏设计主题的表达。

A-A剖面图 1:300

总平面图 1:600

方案将水体景观引入公园内部，兼顾了观光休闲、改善生态小气候的双重功能。景观节点主次明确，能够满足不同的行为需求。植物配置稍显单调，滨水驳岸可结合水生植物来加强生态性设计。

马克笔运用熟练，但分析图过于潦草，苗木表配置还须深入。

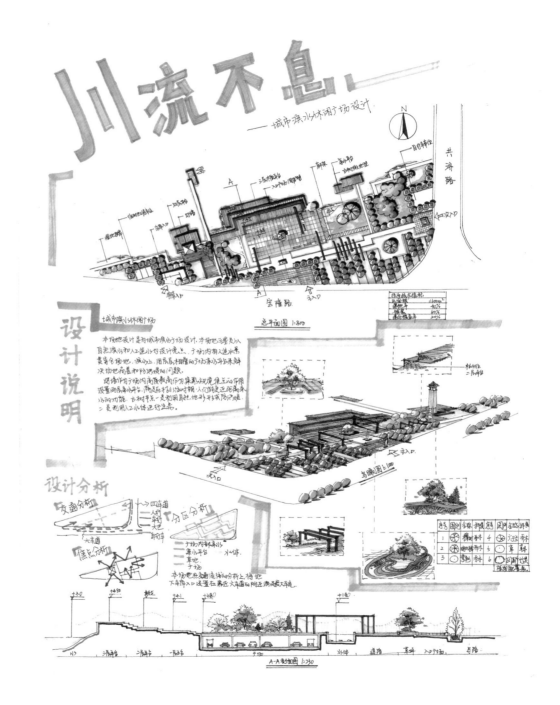

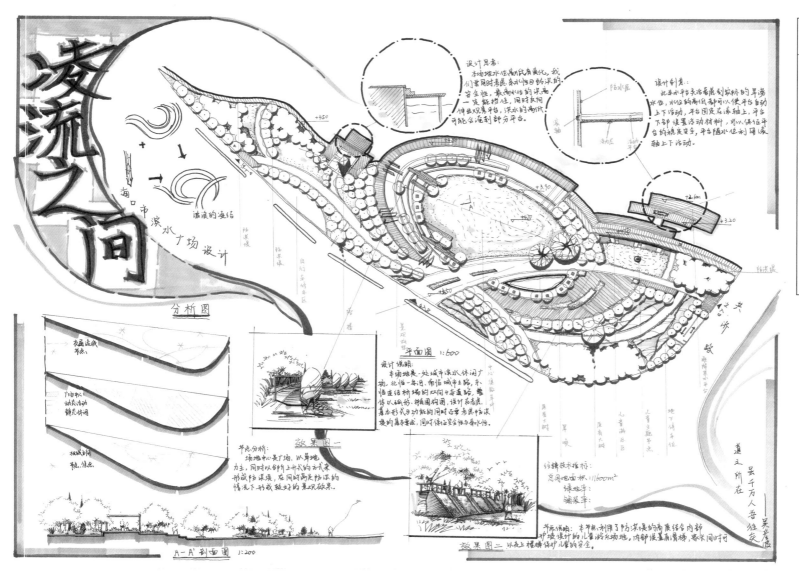

凌流之间

海口市滨水广场设计

分析图

设计思考：本场地水位随四时有变化，我们要同时考虑亲水性与防洪的安全性。最高水位的来临一定能挡住，同时又能伸出观景平台，深水的时代可能会淹到部分平台。

潮汐的连结

设计创意：此亲水平台承接各级标的旱涝水位，水位的高低都可以使平台自动上下活动，平台固定在浮轴上，平台下部设置活动材料，可以保证平台的稳定安全，平台随水位利用浮轴上下活动。

设计说明：本场地是一处城市滨水休闲广场，北临一条河，南临城市主路，东临连结桥场地的双向十字直路，整体以弧形、椭圆构图，设计在考虑基本形式且功能的同时还要考虑防洪最好的基本要求，同时保证安全性与亲水性。

平面图 1:600

节点分析：场地中心是广场，以草地为主，同时以部分上升式的方式来形成防洪堤，在同时满足防洪的情况下形成较好的景观效果。

总用地面积：11600m²
绿地率：
铺装率：

节点说明：本节点利用了防洪最好的高度结合内部护坡设计的儿童游乐场地，内部设置滑梯，亲水同时可以在上楼梯保护儿童的安全。

效果图一

效果图二

A-A'剖面图 1:200

道之所在 虽千万人吾往矣 ——吴子良

名称：001-160128-0060

　　方案采用大尺度弧形构图，空间划分清晰，不同功能区域衔接流畅，道路分级合理。主节点通过大面积阳光草坪突出滨水休闲广场特点，满足了题中集散的需求。场地布局既有规律又有变化，方案逻辑性较强。

　　色彩淡雅，线条干净整洁，排版美观整洁。剖面图可考虑增加设计高度标注。

名称：001-170206-0023

方案尊重了场地肌理，空间尺度把控力较强。曲线型道路设计衔接了主次节点，植物配置疏密有致。但空间景观细节设置较为单调，还应丰富细节内容。停车场与场地融合性不强，滨水驳岸设计还可进一步丰富。

版面整洁舒适，灰色调的马克笔表达丰富，图面内容详细规范，仍需在平面图设计上下功夫。

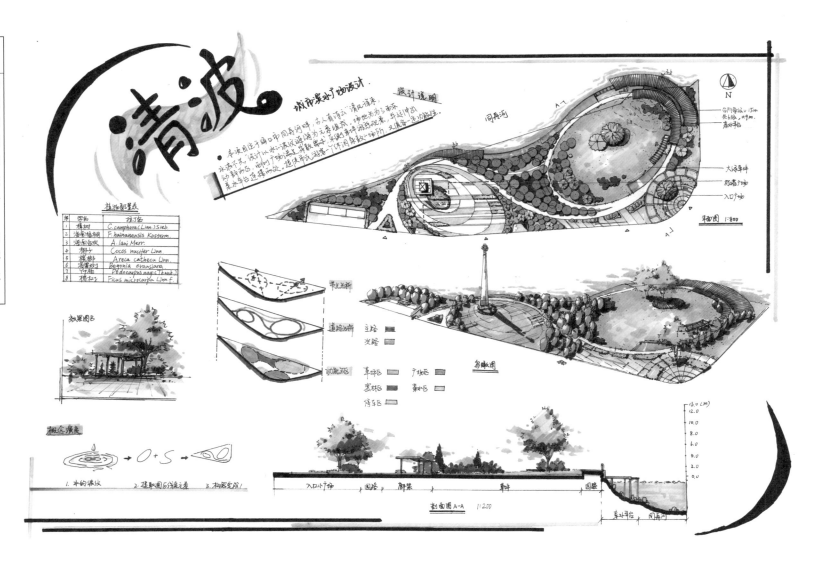

城市滨水广场设计

## 设计说明

本项目位于商口印同再河畔，古人有诗云"清波漾"水漾不尽，设计以水心滴汉遊湖为元素造形，场地为为3面环水形势。设计了场地滩坡景观景色，采观的事件调整场环境观景，唤起市民活动，提使市民调景一下阿集散活动广场防、又能营一悠游散步道。

### 植物配置表

| 序 | 名称 | 拉丁名 |
|---|---|---|
| 1 | 樟树 | C. camphora (Linn.) Sieb. |
| 2 | 海南植物 | F. hainanensis Kosterm. |
| 3 | 阔面合欢 | A. lawi Merr. |
| 4 | 椰子 | Cocos nucifer Linn. |
| 5 | 槟榔 | Areca cathecu Linn. |
| 6 | 海棠树 | Begonia evansiana |
| 7 | 竹柏 | Podocarpus nagi (Thunb.) |
| 8 | 榕树 | Ficus microcarpa Linn. f. |

效果图B

总平面图 1:800

鸟瞰图

节点分析
道路分析
功能分区

主路
次路

草坪区　广场区
密林区　亲水区
停车区

概念演变

1. 水的涟漪　　2. 提取圆与浅滩元素　　3. 构思完成！

剖面图 A-A 1:200

入口小广场　园路　廊架　草坪　园路　亲水平台　同再河

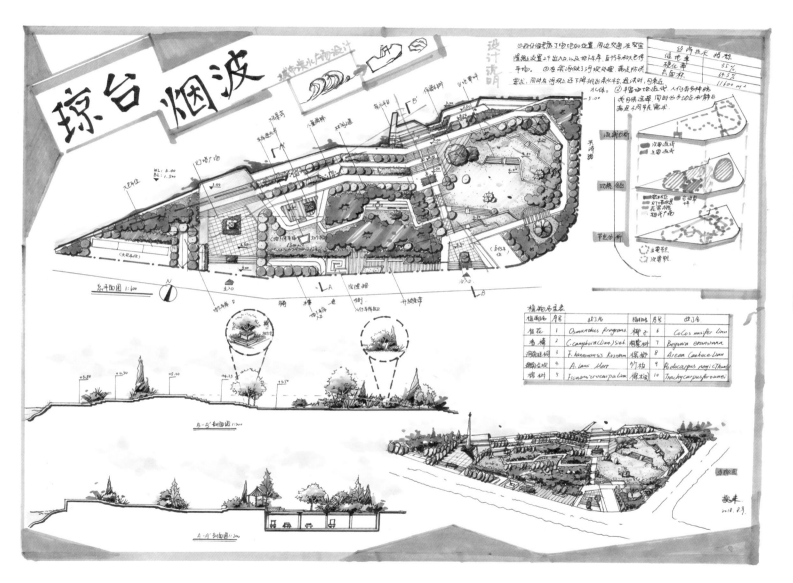

琼台烟波

城市滨水广场设计

设计说明

名称：001-160128-0060

景观轴线清晰，交通系统明确，道路分级合理，植物配置疏密有致，但汀步设置呆板，美中不足。灯塔广场节点与主入口须有收放，才能体现考生对景观空间序列的理解。滨水驳岸还可增加生态化处理，体现滨水软质景观。

方案把控力较强，色彩及线条表现精准，若设计能体现海口地域特征则更好。

总平面图 1:600

B-B'剖面图 1:200

A-A'剖面图 1:200

## 真题九：某城市纪念性台地广场设计

我国华东某一旅游景区，拟建设一个主题纪念园（主题自定），形成该区块的标志性景点，提升整个景区的景观环境质量，该主题纪念园面积约12000m²。基地面临城市干道，背靠城市山体，干道北侧为居住区，基地内原有废弃建筑两栋，山体与行人道路交界处有挡土墙，基地中有一条碎石路通向山间健身平台。山林中有两处水塘，水质清澈。基地有道路连接景区和其他景点，场地高差见附图。周边山林植被以马尾松为主。

### 要求

（1）总平面图：要求明确表达各景观构筑物的平面形态、铺装、绿化等，应表明各设计元素的名称，各场地和关键点的竖向标高，表达清楚高差处理（标明台阶级数）等，比例1：500。

（2）场地整体剖面图：要求能清晰表达地形和空间序列的竖向处理，明确景观构筑物的尺寸和体量关系，并表达景观视线处理的设计意图，比例1：300~1：500。

（3）鸟瞰图：要求不小于A4画幅。

（4）分析图：表达设计构思及意图，比例自定。

（5）设计说明。

### 真题解析

（1）关键词：纪念性广场、台地园、城市绿地。

（2）解读：浙江农林大学的历年真题都有自己的鲜明特色，往往地形、高差、竖向都是场地中需要解决的重点部分，本题也不例外。纪念性广场是城市风貌、景观特色、文化内涵集中体现的场所，纪念性广场因其用地性质的严肃性往往需要依靠明确的景观轴线引导，作为一个比较严肃的空间，可以引入具有亲和力的景观小品以缓解纪念性广场给人的压抑感，例如水景。水景的流动性、随和性与纪念性广场景观设计可完美结合（参考案例：越战纪念碑）。

场地已知为坡形绿地，题目中的高差更成为天然优势，可以利用题中12m的高差从平面序列和竖向节奏变化控制景观轴线。本题中现状场地内容较丰富，原有废弃建筑建议保留，可以作为旧房改造景观，也可以改造成游客服务中心和卫生间。场地中水塘两处，可利用水景营造具有亲和力的景观。考生应留意场地设计范围外的两处：一是东侧管理办公用房，二是南侧健身平台，均须在场地内留有道路。原有碎石道路可拆除，设计成导向性明确的纪念轴线。作为台地式纪念广场，高差是方案以及竖向设计中需要表达的重点。

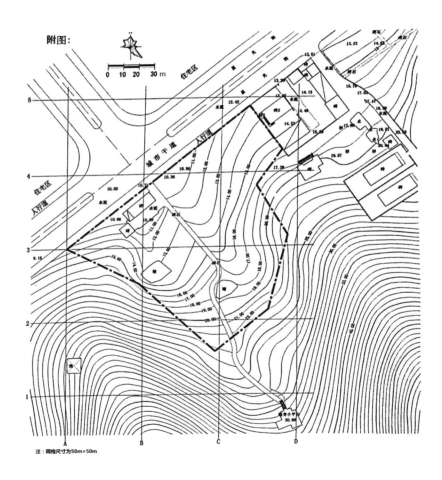

附图：

注：网格尺寸为50m×50m

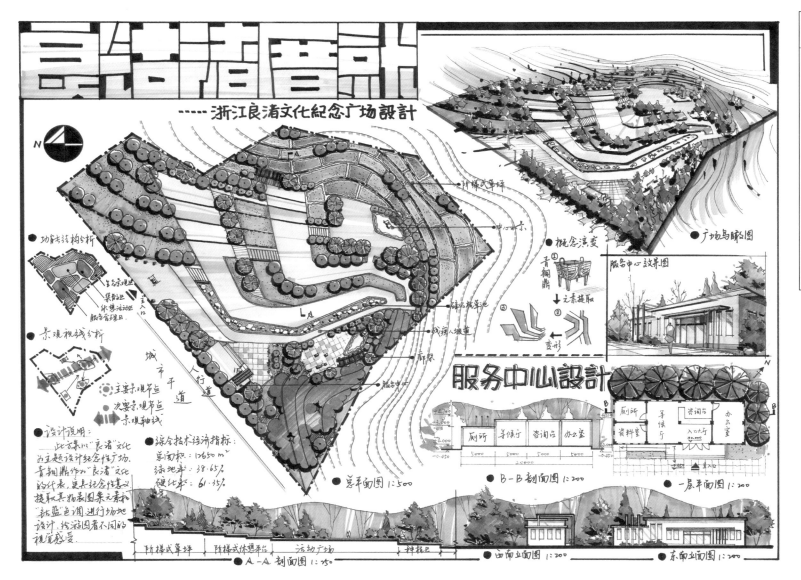

景语清音计
—— 浙江良渚文化纪念广场设计

N

●功能结构分析

●景观视线分析
○主要景观节点
○次要景观节点
○景观轴线

●设计说明：
此方案以"良渚"文化
为主题设计纪念性广场。
青铜鼎作为良渚文化
的代表,更具纪念性基础
提取其外物表图案元素,
以"祛蓝色调"进行场地
设计,给游园者不同的
视觉感受。

●综合技术经济指标
总面积：12650 m²
绿地率：38.65%
硬化率：61.35%

城市车人行道
行道

阶梯式草坪
中心水景
绿坡植草地
残疾人坡道
廊架
服务中心

●概念演变
青铜鼎
元素提取
变形

服务中心效果图

●广场鸟瞰图

服务中心设计

刷所 等候厅 咨询台 办公室

B-B剖面图 1:200

刷所 资料室 等候厅 咨询台 办公室 入口大厅

一层平面图 1:200

●总平面图 1:500

阶梯式草坪 阶梯式体憩平台 活动广场 种植区
●A-A剖面图 1:75

西南立面图 1:200

东南立面图 1:200

名称：001-170206-0023

　　该方案主园路结合地形，功能结构完整，上下空间层次分明。对原有地形的利用较为合理。前侧铺装面积保证了人流集散，山地与跌水景观的结合可以较好地利用高差。从交通来看，两侧上山道路景观较为单一，可以利用植被景观给人开敞的视觉感受。从交通来看，草坪过多，高层乔木及中下层植被较少，植被形式单一。

　　该设计以纪念人物为主题，但景观序列性不足。剖面图和鸟瞰图表达准确，但效果图视点较高，空间表达不准确。

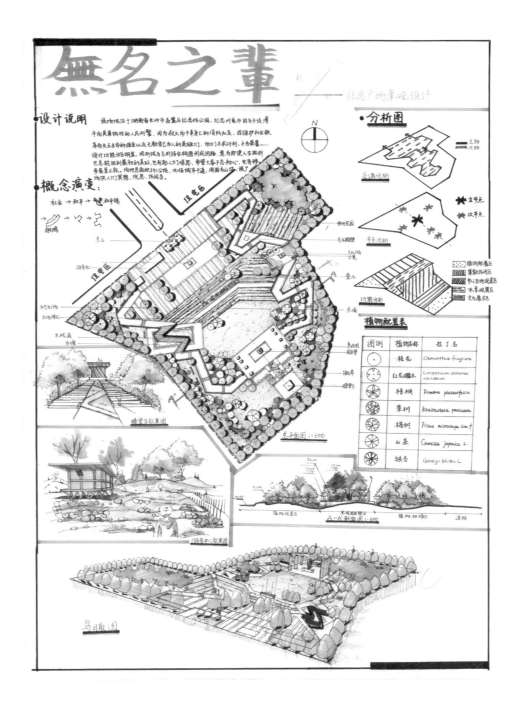

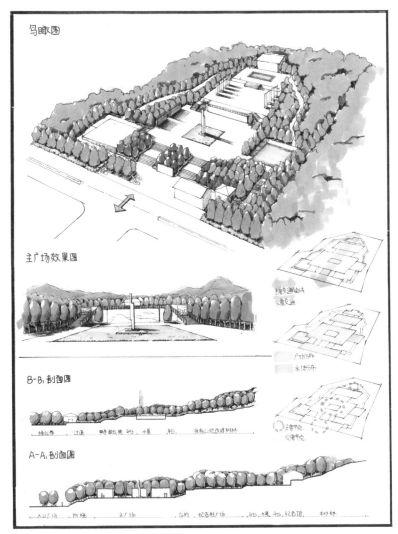

鸟瞰图

主广场效果图

B-B₁剖面图

A-A₁剖面图

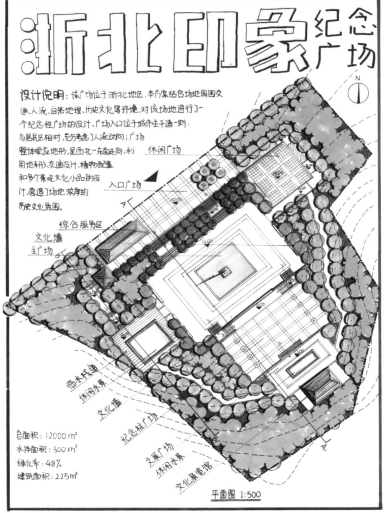

名称：001-160128-0060

该方案构图完整，空间表达准确。建议第二层级空间与第三层级空间交接；使用绿地及植物丰富竖向空间，增加中部植被层次。两侧道路应设置台阶与缓坡。铺装广场均为开敞空间，缺少空间趣味性，与主题不够贴合。

浙北印象 纪念广场

设计说明：该广场位于浙北地区，本方案结合场地周围交通人流、自然地理、历史文化等环境，对该场地进行了一个纪念性广场的设计。广场入口位于城市主干道一侧，与居民区相对，充分考虑了人流动向；广场整体顺应地形，呈西北—东南走向，利用地形及交通设计，植物配置和多个景观文化小品的设计，营造适宜场地浓厚的历史文化氛围。

休闲广场

入口广场

综合服务区
文化墙
主广场

临水栈道
休闲水景
文化墙
纪念柱广场
主广场
休闲水景
文化展览馆

总面积：12000㎡
水体面积：300㎡
绿化率：48%
建筑面积：225㎡

平面图 1:500

名称：001-170206-0023

该方案采用折线型构图方式，空间划分明确，功能分区清晰，建筑改造利用合理。台地上层设计完整，对于景观利用较为合理，前侧广场空间景观单一，建筑周边铺装形式可与主入口铺装保持一致，起统一空间功能作用。

马克笔上色淡雅美观，版面紧凑有序，剖面图和鸟瞰图表达准确。

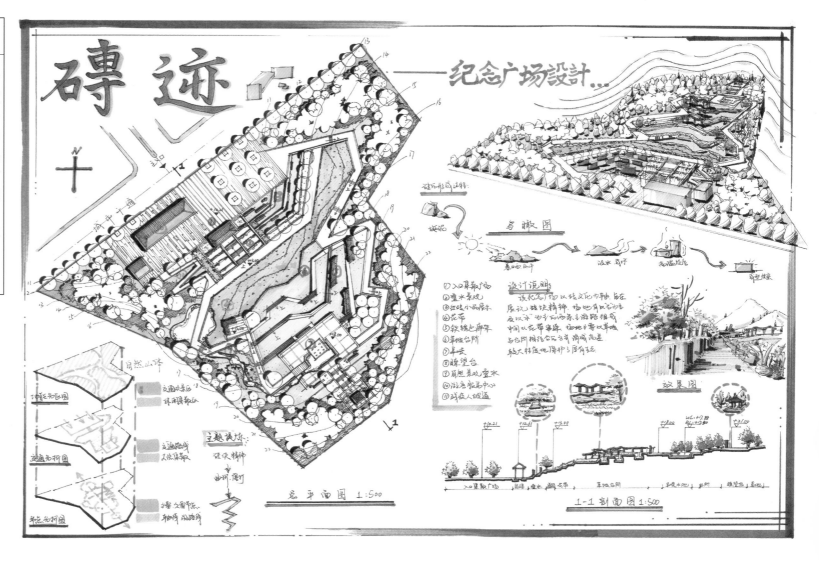

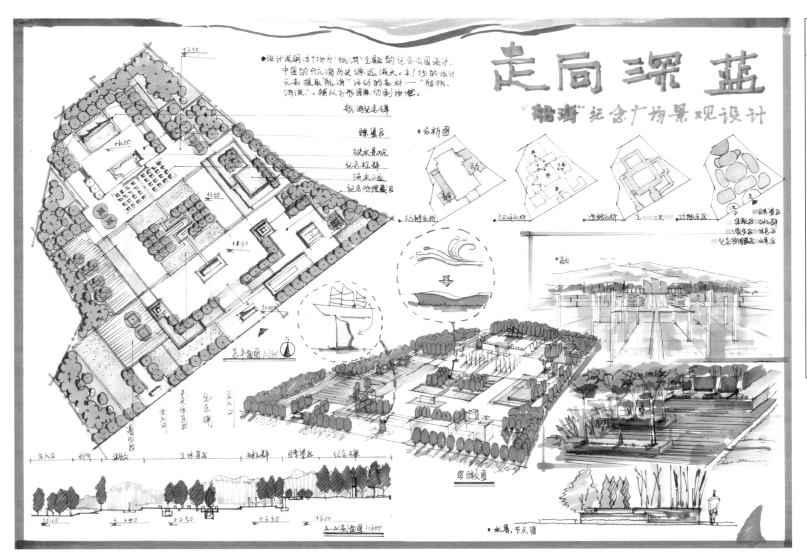

走向深蓝

"航海"纪念广场景观设计

该设计与其他的有所不同，该考生为环境艺术专业的学生，所以根据其考试特性降低难度，场地高差仅有六米。该方案空间丰富，采用矩形构图设置中部轴线，链状水景及纪念碑群强调了中部轴线，且增加了入口空间到场地制高点的延伸感。植物表达稍有欠缺，可用不同颜色区分主景空间及周边植被，云线表达应是 4 ~ 5m 树群，外部边界应该稍微扩大。

鸟瞰图和效果图表达准确，但剖面图的标注稍有欠缺。

·设计说明：对于场为"航海"主题的纪念公园设计。中国的航海历史源远流长。本方场的设计元素提取航海"活动的素材——船帆、海浪。辅以方形图来切割场地。

航海纪念碑

膝道区

链状水景观
纪念碑群
流水小径
纪念物展藏区

·分析图

总平面图 1:750

A-N剖面图 1:600

鸟瞰图

·水景·节点图

## 真题十：小区组团绿地景观设计

基地位于西安市雁塔区东南方向文曲路以北、尚乐路以西，规划占地面积22493m²，居住建筑为2~3层连体或单体建筑形式，规划定位为中高档花园居住小区。周围全部为居住环境，尺寸标注、图纸比例、指北针等如下图。

### 要求

（1）请以"紫薇天长"为主题进行环境景观设计。

（2）请完成至少2处景观节点效果图。

（3）请完成不少于350字的简要设计说明。

（4）请使用你所熟悉的区域植物品种进行植物景观设计。

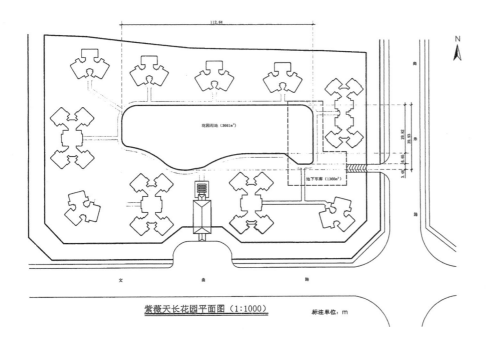

紫薇天长花园平面图（1：1000）    标注单位：m

### 真题解析

（1）关键词：中高档花园、小区绿地、主题概念设计、植物设计。

（2）解读：居住小区组团绿地作为居民集体使用的户外活动空间，是邻里交往、儿童游戏、老人聚集等居民行为的主要户外场所。通过丰富的空间形式和景观内容，创造富有生命力的室外环境是设计要点。水景、活动设施、植物配置等内容都可作为小区组团绿地的主要设计元素。在小区组团绿地景观设计中，还应该注重人的参与性，学会根据不同使用者的实际需求来划分空间。此外，残疾人的需要也是小区设计不可忽视的内容。

结合本题来解读，该小区坐落于西安市，在方案主题挖掘和植物景观设计上均可考虑结合当地特色，体现本土地域特征。主入口处应具有标示性，同时留出足够空间满足人们集散需求，消防出入口可弱化处理。注意地下停车场上方区域不宜设置大体量景观小品，也不宜种植大乔木。项目规划定位为中高档花园式居住小区，故内部设计应注意景观的高品质，以符合居民的身份特征。

在小区植物设计中，应考虑与建筑的隔音需求，绿墙植物的防火需求，以及植物后期的维护管理。尽量做到适地适树，达到小区基本绿化标准，地下停车场上方还应注意不可种植深根系和大体量乔木。道路系统应满足居民日常基本需求，避免设计"迷宫式"道路，保证归家的便捷性。交通设计应考虑消防通道的需求，留出足够的道路宽度，并设计消防登高面。

星·殒

居住区绿地设计

平面图 比例: 1:400

概念分析

意向分析

视线分析

空间分析

设计说明:

该小区景观区位于西安市雁塔区后宅地带。立地条件为小区居民日常休闲来往使用为主闲暇时候花草树木组团。方法上围绕散布的轨道将景观组团个个点缀在内散布在四处与道路相连接小区内各个精妙的小景分布和同时居民在其中间游憩。人们在回家的时候欣赏到这些大而趣味的景观空间。回归步步为营营造惬意氛围

花境效果图

A—A剖面图 比例: 1:250

B—B剖面图 比例: 1:250

鸟瞰图

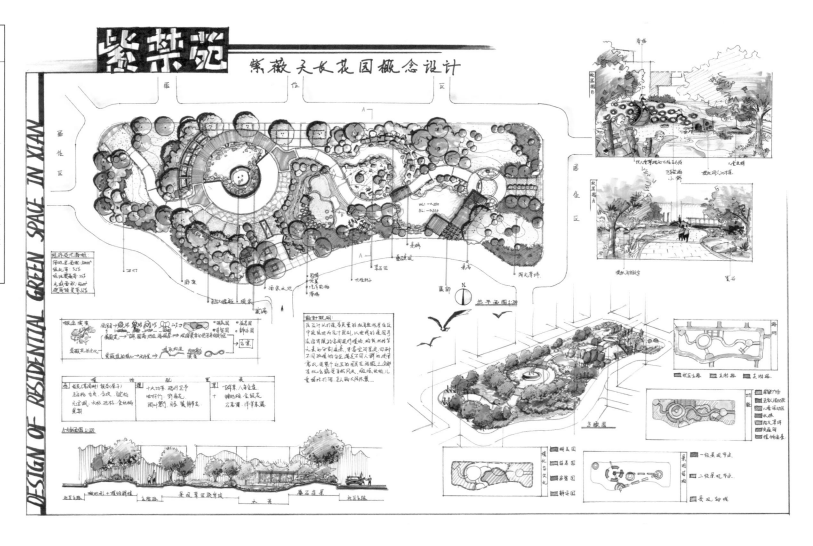

名称：001-170206-0023

本方案主节点景观完整，整体性强，较好地处理了人工水景和整个组团绿地的关系，滨水设计较具特色，植物设计内容较好。对花园式小区主题理解把握准确，内部交通基本满足日常使用需求。

线条表达细腻，马克笔运用娴熟，分析图和设计构思表达较为清楚。

紫禁苑

紫薇天长花园概念设计

DESIGN OF RESIDENTIAL GREEN SPACE IN XIAN

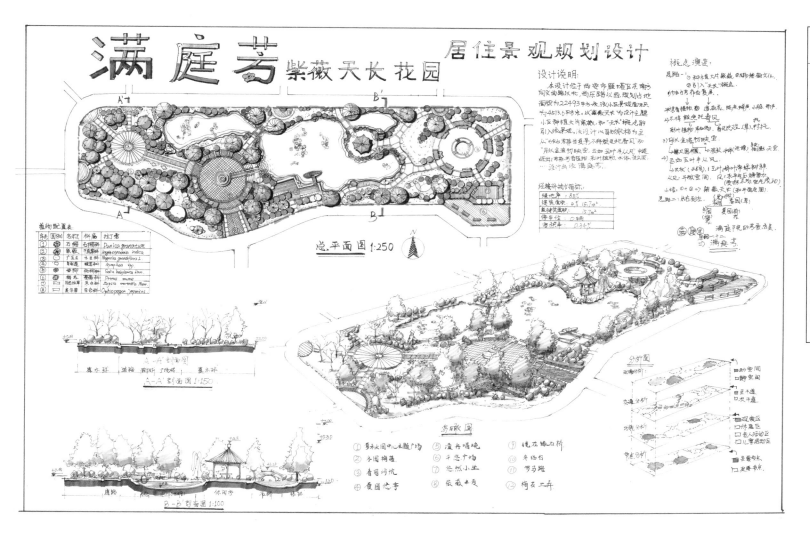

# 满庭芳 紫薇天长花园

## 居住景观规划设计

### 设计说明:

本设计位于西安市雁塔区东南方向文曲路以北,尚乐路以西,规划占地面积为22493平方米,该小区景观型绿地只为45136平方米,以满庭天长为设计主题,小区种植大片紫薇,"天长"概念的引入故景观,该设计以具观规格为主,从"月秋金液切叮映室,三如五叶杂从风"中提炼,考虑考虑植物配置和植物、水体,使义出——设计出来满庭芳。

### 经济技术指标:

绿地率:85%
建筑面积:约 15.7m²
容积率:0.334%

### 道物配置表:

| 编号 | 图例 | 名称 | 科属 | 拉丁名 |
|------|------|------|------|--------|
| ① | | 石榴 | 石榴科 | Punica granatum |
| ② | | 紫薇 | 千屈菜科 | Lagerstroemia indica |
| ③ | | 广玉兰 | 木兰科 | Magnolia grandiflora L. |
| ④ | | 睡莲 | 睡莲科 | Nymphaea spp |
| ⑤ | | 垂柳 | 杨柳科 | Salix babylonica Linn |
| ⑥ | | 梅花 | 蔷薇科 | Prunus mume |
| ⑦ | | 枣树绿坪 | 鼠李科 | Zizyphus zuzuba Mill |
| ⑧ | | 麦冬草 | 百合科 | Ophiopogon japonicus |

### 总平面图 1:250

### A-A'剖面图 1:150

### B-B'剖面图 1:100

### 剖月瞰图

① 勇禾间中心主题广场
② 各国梅藏
③ 春园冯坑
④ 夏园忽亭
⑤ 渔舟唱晚
⑥ 云恩广场
⑦ 悠然小坐
⑧ 收藏水夏
⑨ 镜在婚礼桥
⑩ 冬而台
⑪ 罗马踏
⑫ 梅花三弄

### 视点演变:

### 分析图

名称: 001-160128-0060

方案内部组团绿地内容丰富,形式构图简约统一,场地与绿地联系紧密,水体和植物的设计增加了环境的艺术气息,但绿化和水体面积偏大,整体方案更像公园设计内容而非居住区绿地内容。对尺度把握稍有偏差,场地面积理解偏大。

色彩淡雅清新,通过简单的色彩和细腻的线条来表现绿地景观内容,主次分明,主体突出,若能进一步明确周边建筑性质则更完美。

方案结合时下流行的新中式小区设计风格，将中国古典园林要素引入小区组团绿地，提升了小区景观的品质。多层次的交通体系，创造了不同的体验效果。主节点位置设置合理，能够利用微地形的设计营造丰富的空间效果。

整体表现较好，线条熟练，能够借助色彩表现呼应设计主题，用色简练而有吸引力，重点突出。但是，平面图还需交代周边环境。

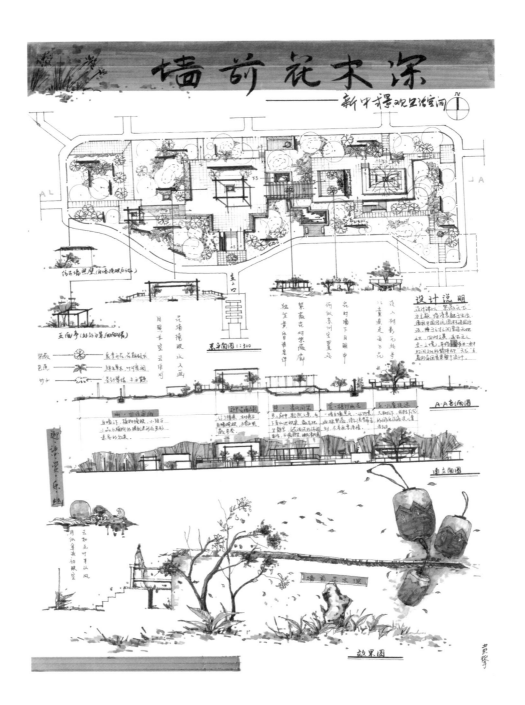

墙前花木深

新中式景观公共空间

## 真题十一：校园休闲活动绿地景观设计

岭南某综合大学结合校庆进行校园优化设计。拟将校园景观大道一端的湖畔用地改造为校园的休闲活动场地。用地西面临湖，北面为教学楼群，东面是校园景观大道，南面为湖畔草地。设计用地地形较为规整，面积约为 21600m²（含水面面积约为 3200m²）。湖面常水位标高为 2.2m，丰水期最高水位为 2.9m，湖畔用地平均标高为 3.m。

### 要求

（1）总平面规划设计应体现校园景观特点与岭南地域特色，不考虑人工水景，可适当调整用地沿湖岸线，铺装面积控制在总用地面积的 40% 以下，场地主入口部分预留 6~8 辆小汽车临时停车场地。

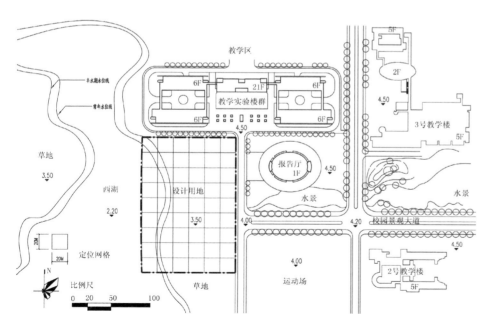

（2）游船码头区设计时应设置休闲观景建筑规模约 300m²，风格不限，层数 1~2 层，构（建）筑物悬挑水面部分不超过构（建）筑物投影面积的 1/3。

（3）外部场地设计：结合校园的休闲活动设置必要的室外活动场地，场地竖向应考虑用地与周边地形的衔接。

（4）总平面图要对场地进行绿化种植设计。

### 真题解析

（1）关键词：校园景观、湖畔绿地、岭南特色、建筑设计。

（2）解读：校园休闲绿地不同于其他性质绿地，它需要用园林创造出具有鲜明时代特色和校园特征的景观，展现历史文脉和现代文明的交织，为师生提供学习、研究、工作、生活的场所，以人为本和人文气息是高校绿地独具的"场所精神"。题中校园绿地定位在岭南地区校园景观大道的湖畔，作为滨水校园绿地，在满足校园景观的基本功能之外，还应满足滨水绿地景观的特殊性，兼顾景观和生态需求。滨水驳岸也是考生应注意的要点，可考虑适当更改驳岸线来满足设计要求。游船码头、休闲观景建筑与景观的结合，也要纳入整体方案规划中。

场地地形规整，高差起伏不大，如何结合周边报告厅、实验楼、草地的不同用地性质是需要考生思考的内容。北侧作为教学实验楼区更多的是为满足师生快速上下课的交通需求，以及满足课余期间短暂停留的需要；而东侧报告厅和运动场周围应设置硬质场地以满足人流集散的需要。南侧为草地，西侧为西湖，可主要考虑引入休闲景观。此外，题中已告知该岭南校园需结合校庆主题，这考查考生如何借助具有鲜明特色的校园文化，来营造生机勃勃的高校绿地景观。

大多数设计者都对校园生活有较深入的理解，可以通过切身感受来考虑高校绿地设计的使用价值和精神需求（可参考案例：中国美术学院象山校区、瑞典Umea 大学。）

名称：001-170206-0023

　　方案采用大手笔弧形构
图，手法娴熟老练，场地设计
完整，整体性强。结合了不同
用地性质的绿地以满足师生的
行为需求，主次清晰，景观小
品丰富，建筑布局合理。场地
植配细致丰富，微地形与景观
结合较好。

　　黑白单色画面干净整洁，
平面图细节丰富，可适当增加
景观细节以丰富场地空间。

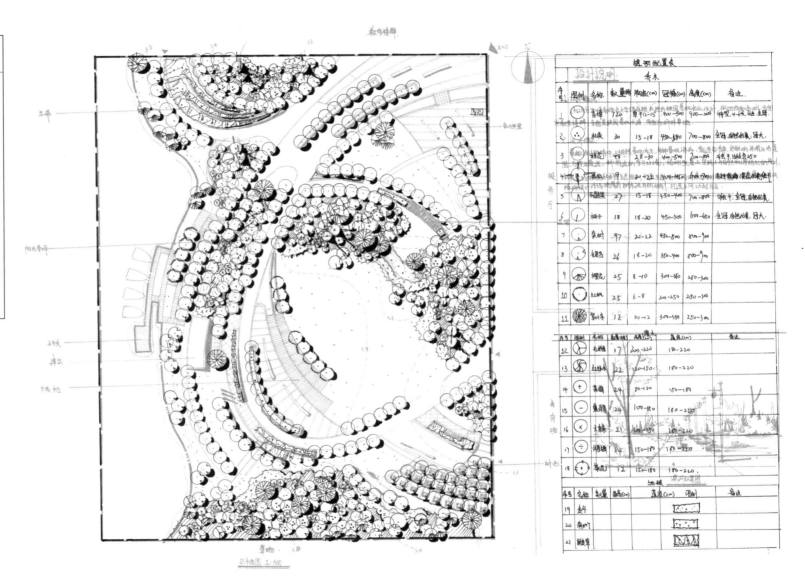

总平面图 1:500

# 快题设计

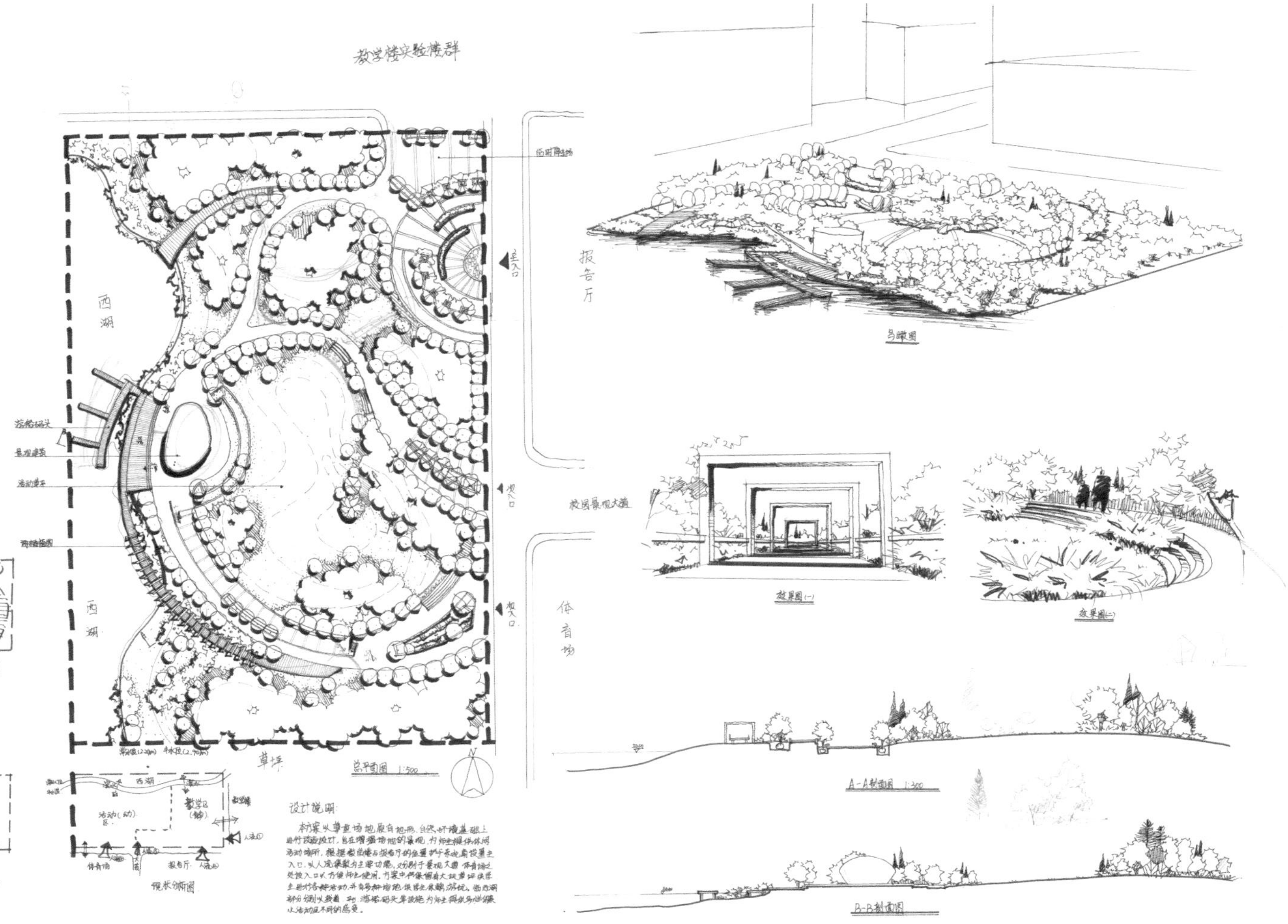

教学楼实验楼群
报告厅
西湖
体育场
草坪
总平面图 1:500
设计说明
鸟瞰图
效果图(一)
效果图(二)
A-A剖面图 1:300
B-B剖面图


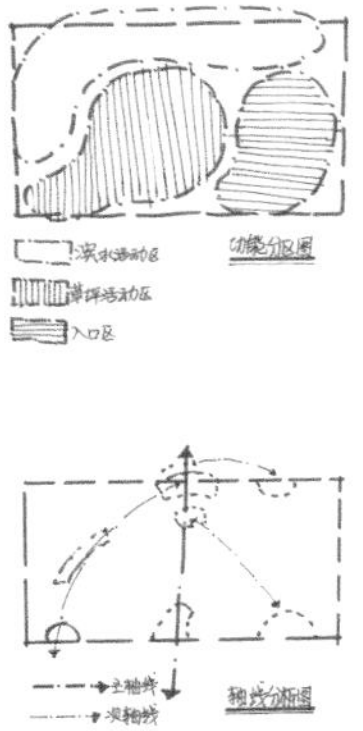

功能分区图


名称：001-160128-0060

该校园绿地通过主道路联结主次节点，不同场地用地性质理解准确，滨水驳岸处理丰富。道路、节点、建筑、主次入口形成了一个有序的整体，滨水空间处理较丰富，但空间整体性不强。处于安全因素，停车场位置可适当偏离道路拐弯处以保证安全。

竖向设计可增加文字说明与标注，效果图选取角度过于简单，还需增加设计主题。

用折线型构图来设计校园休闲空间，空间划分明确，功能分区清晰，停车场位置设计合理。滨水驳岸设计全部硬质化处理稍显呆板，还可增加植物以满足景观的生态性，中心阳光草地还可加入微地形景观。场地内部稍显单调，还应增加景观小品。

马克笔上色淡雅美观，版面紧凑有序，主题反映了岭南地域文化特色，剖面图与鸟瞰图表达准确。

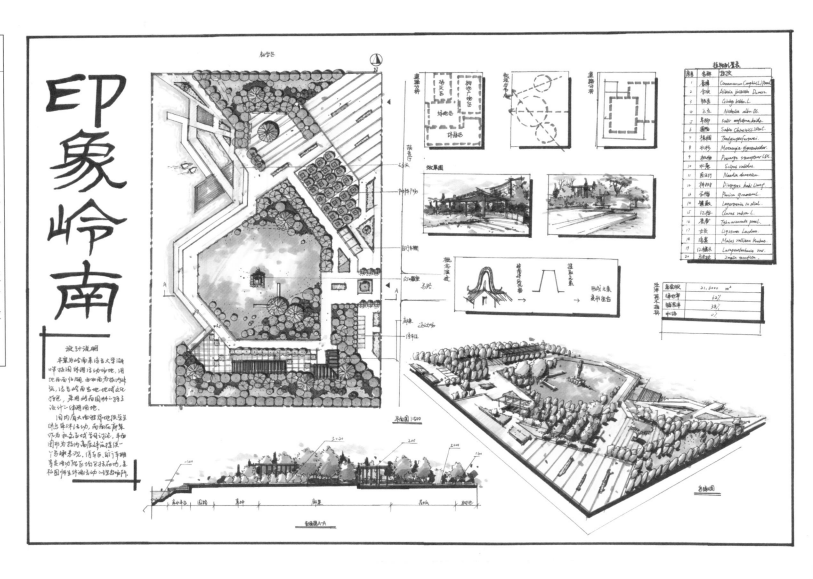

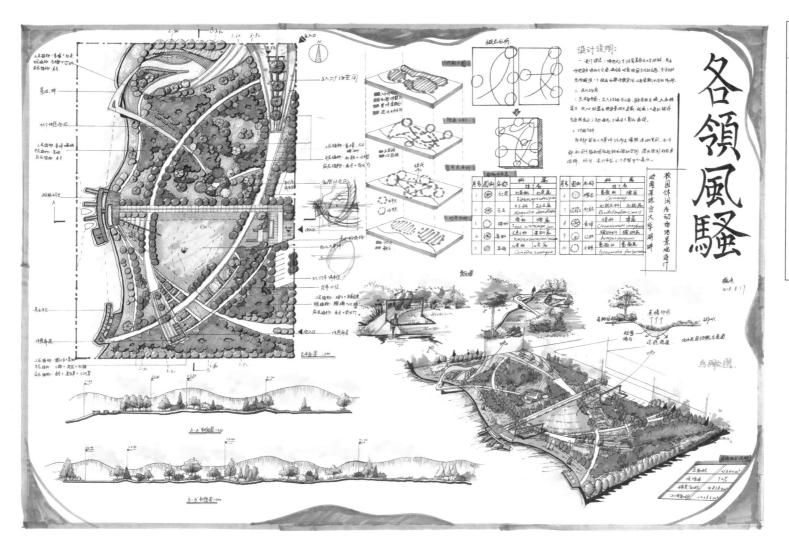

各領風騷

名称：001-160128-0060

　　方案采用环线主道路贯穿场地，码头与入口形成主轴线，将人流引导进入滨水景观。微地形与植物结合合理，但缺少给师生驻足的活动节点。不同周边建筑（如运动场、报告厅）的周边景观分区不明显，还需推敲。

　　构图流畅，分析图精准，平面图还需深化。

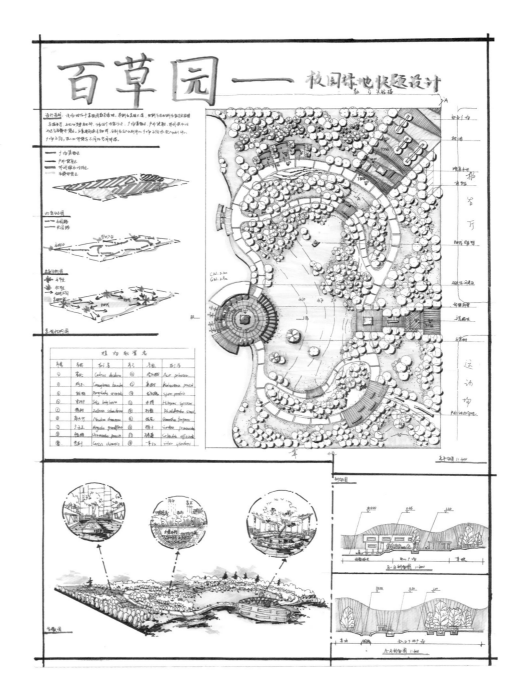

## 真题十二：街旁小游园设计

项目总面积约 3000m²，要求以"街旁小游园"为主题进行设计。

### 要求

（1）总平面图 1：500。

（2）局部放大图 1：100，必须包含景观亭或景墙，写出铺装名称及植物配置。

（3）立面图 1：100 或 1：50。

（4）鸟瞰图不小于 A3 图纸大小。

（5）设计说明不小于 150 个字。

（6）相关经济指标。

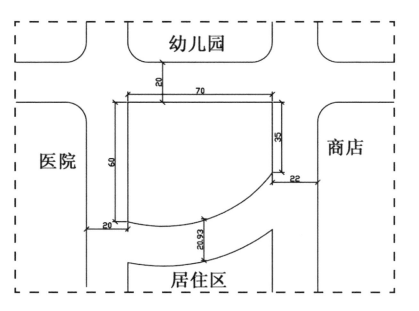

### 真题解析

（1）关键词：街旁绿地、小游园。

（2）解读：城市街旁小游园属于公园绿地的范畴，具有公园绿地特征，也有作为小型开放绿地的个性特征，其景观设计应该因地制宜，体现城市街旁小游园的宜居、宜游。街旁小游园的空间灵活性较大，功能上以植物造景、竖向设计为主，空间上以开敞空间和半开敞空间为主。作为城市背景下的人工设计场地，考生可以结合当下生态文明的园林设计理念（如"雨水花园""海绵城市"等），体现街旁小游园在城市中平衡自然生态的作用。

题中场地 3000m² 左右，没有高差，题目相对简单，容易入手。设计中应结合外部环境进行设计，北侧结合幼儿园设计儿童游玩空间；南侧结合居住区设计健身休闲空间；东侧因毗邻商店可以硬质铺装为主，设计开敞空间；西侧因医院场地的特殊性可以考虑设计静态休息空间，同时西侧的植物种植应考虑杀菌和隔离作用。

作为街旁绿地，绿化率应不低于 65%。在空间和交通的引导上，考生要加入休憩游览节点，增加多重景观体验与感受。小游园场地也应该注意铺装的不同材料、色彩、纹理，增强场地互动，界定不同使用空间的范围。

名称：001-170206-0023

该方案构图简洁，交通系统清晰，空间界定明确，与外部环境的结合较准确，但节点缺少景观细节，可结合外部空间增加使用人群停留设施，丰富草坪的微地形。

版面整洁，线条干净，但还可加入概念草图分析。

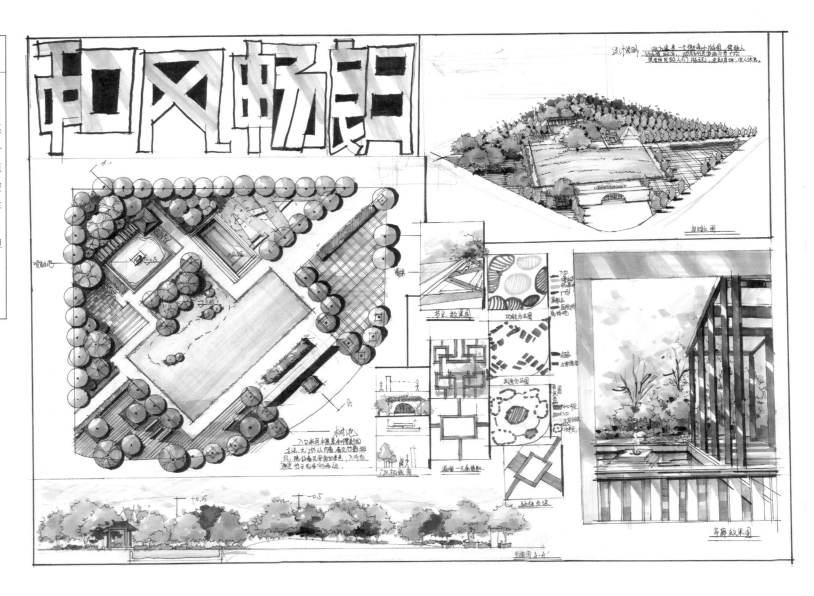

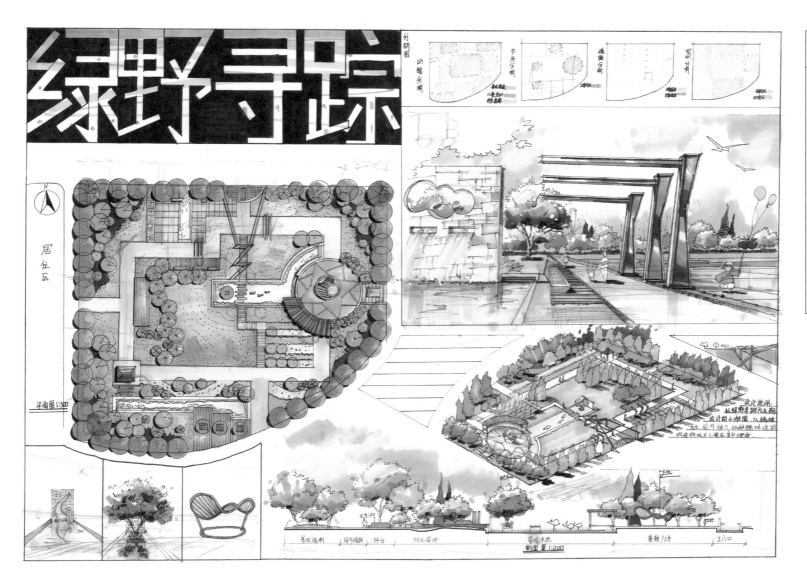

绿野寻踪

名称：001-160128-0060

　　该方案制图规整，交通系
统清晰，植物配置丰富，但对
周边入口的处理没有体现外部
环境的不同用地性质，东侧商
店周边还应增加硬质空间，幼
儿园周边可考虑设置儿童使用
空间，材料上应考虑软质铺装。
　　版面丰富，马克笔上色熟
练。

名称：001-170206-0023

该方案空间界定明确，主次节点划分清晰，场地与植物搭配协调，但节点还缺少细节表达，节点与道路可用不同颜色区分，儿童活动区可考虑用暖色表达。

色彩清新统一，平面图标注丰富，植物配置丰富。

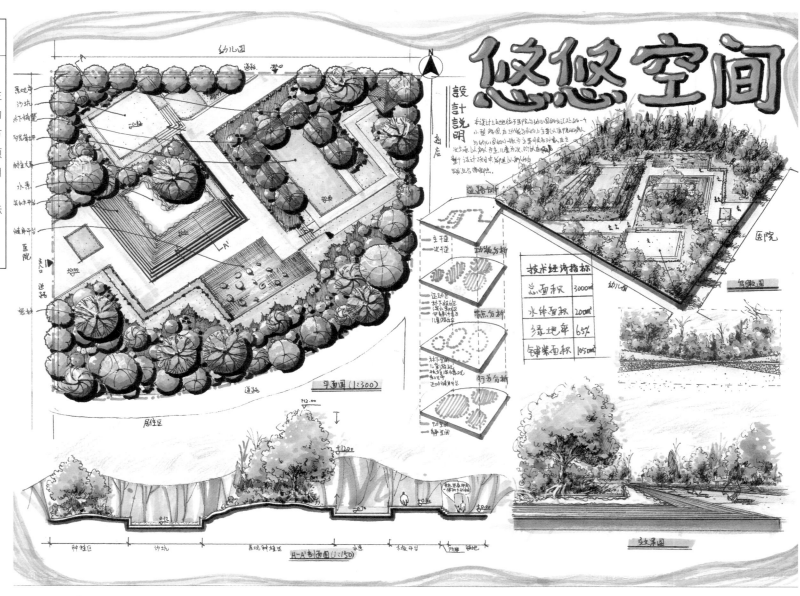

悠悠空间

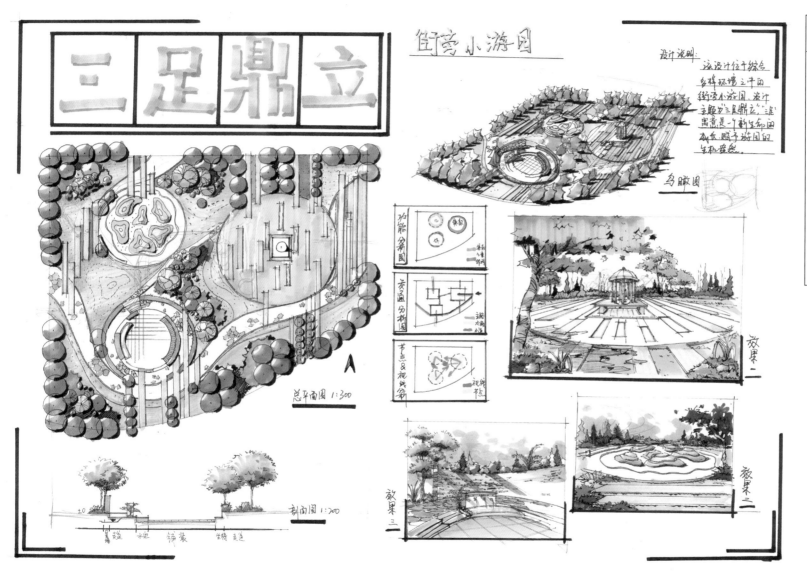

# 三足鼎立

街旁小游园

设计说明：该设计位于综合绿地环境之中的街旁小游园，设计主题为"三足鼎立"，三足寓意一个新生命的成长，赋予游园的生机与生态。

名称：001-160128-0060

该方案设计主题与场地特点结合较好，但节点与道路结合比较生硬，衔接性较差，三个节点可结合外部用地性质赋予不同功能。剖面图还须丰富，平面图须增加乔木，草坪面积过大，微地形设计须标高。

排版整洁舒适，马克笔表达熟练。

鸟瞰图

功能分区图

交通分析图

节点&视线图

视线轴

总平面图1:300

剖面图1:200

效果一

效果二

效果三

名称：001-170206-0023

　　节点细节丰富，主次入口分级明确，植物疏密关系把控较好。剖面图对林冠线处理较好，但微地形设计高度偏高，还可加入概念设计，体现街旁游园的特点。

　　版面紧凑，色彩冲击力强。降低画面上色饱满度，可使画面显得更高级。

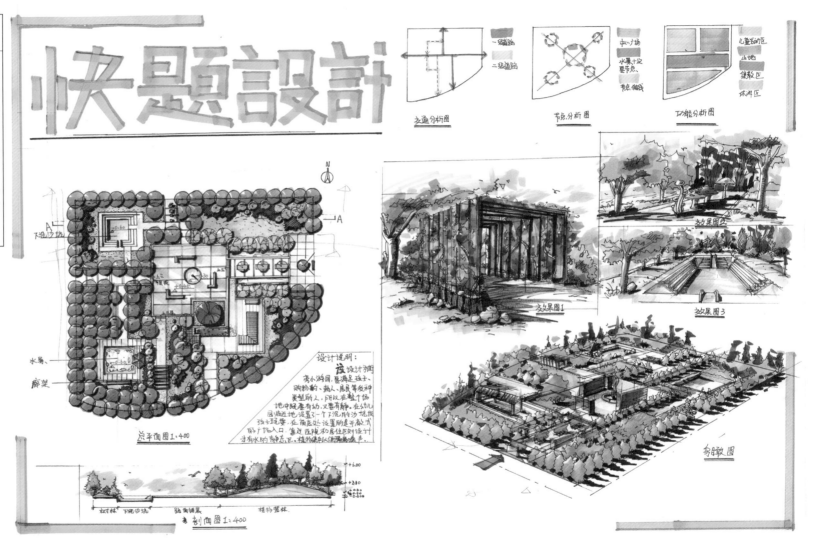

## 真题十三：滨河绿地设计

河北省某城市新区，一条河流从城市新区中央穿过。河流两岸规划有连贯的滨河绿地。设计场地为整个 滨河绿地的一个重要节点，总面积为 8.5hm²。场地被河流分隔为南、北两个部分，北侧紧邻小学和办公用地，南侧隔城市道路与居住和商业用地相邻。场地内存在一定的高差变化。

### 要求

（1）场地是整个滨河绿地的一个重要节点，要考虑整个带状绿地的道路连通性。

（2）小学周围设计一片满足学生自然认知，生态探索，科普教育和动手实践的户外课堂区域。

（3）滨河绿地需要满足周边办公、商业和居住用地的使用功能需求，为附近白领和居民提供公共休闲服务。

（4）由于河流通航需要，可以在不减少河道宽度的前提下，对现状的垂直硬质驳岸进行适度改造，创造亲水休闲体验空间。

（5）在场地中选择合适的位置设计一座茶室建筑和一座公共厕所。其中，茶室建筑占地面积为 200~300m²，建筑外要有一定面积的露天茶室，厕所建筑占地面积为 100m²。

（6）水岸要设计有小型游船停靠码头一处。

（7）场地内可根据需要设计一座景观步行桥，增强南、北两岸的联系。

（8）设计必须考虑场地中现状高程变化。

### 设计任务

（1）总平面图，比例 1 ∶ 600，包含竖向设计和种植设计。

（2）节点种植设计平面图，比例 1 ∶ 3000，进行详细种植设计（只需要表明植物种类，不需要标注植物规格）。

（3）局部剖面图 2 个。

（4）总体鸟瞰图 1 张。

（5）节点透视图 2 张。

（6）设计说明和其他必要分析图纸。

### 真题解析

（1）关键词：滨水绿地、带状通道、户外课堂、建筑设计。

（2）解读：城市滨水空间绿地规划设计具有广泛性、复杂性和综合性，城市自然、社会领域的众多功能——生态、游憩、水利、交通等在该题中都有很好的体现，这要求考生对场地功能有良好的理解和认知。场地定位于河北，绿地面积较大，偏向规划设计，且周边环境用地性质不同，这要求考生的方案设计要符合不同用地性质的诉求，同时对考生提出全面综合的能力要求。在设计时既要考虑小学、办公、居住、商业等不同场地对绿地的要求，同时也要满足整体方案的流畅性和连贯性。

题中重点提到水位变化，且场地内部高度变化较大，故竖向设计如何满足场地是考生需思考的地方。滨水驳岸可考虑软质景观、湿地等形式，打破原有的硬质驳岸的单调性。茶室建筑与卫生间的设置需要与绿地设计相结合，做到因地制宜。户外课堂区域可考虑结合小学生的身心特征做出趣味性，在方案中着重表达。商业与办公用地可考虑增大硬质面积，突出周边环境特征。

商业区

8.5m

居住区

北

方格网为60m×60m

城市道路

居住

河道

绿地

城市道路

6.5m

小学

7.8m

8.0m

4.2m

办公区

11.2m

5.9m

8.0m

绿地

8.2m

4.2m

8.0m

8.4m

商业区

4.3m

4.2m

6.0m

办公区

居住区

河道 高水位3.0m 低水位2.0m

城市道路

5.5m

7.3m

绿地

8.3m

7.5m

5.1m

4.2m

4.1m

7.0m

8.7m

8.95m

8.2m

城市道路

11.2m

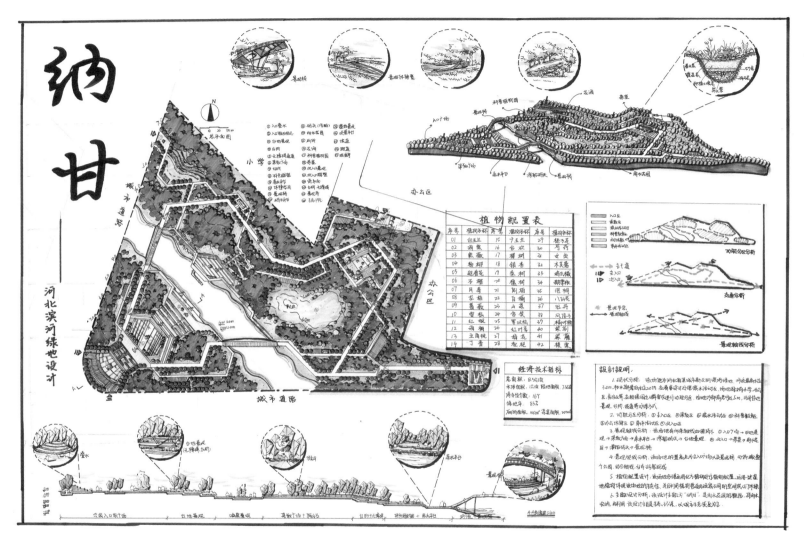

# 纳甘

河北滨河绿地设计

名称：001-170206-0023

　　方案采用折线型道路与节点设计贯穿整体滨水绿地，空间划分清晰，节点丰富，可满足滨水绿地的不同功能需求。轴线明确，竖向设计丰富，突出了驳岸的水位设计。植物疏密有致，营造了很好的观景体验。色彩淡雅清新，排版紧凑合理。小学旁户外空间，茶室建筑可考虑在方案中重点表现。

植物配置表

设计说明

经济技术指标

名称：001-170206-0023

方案曲线流畅，道路划分清晰，分级明确，主次入口设置合理，但区分性不强，没有突出周边不同的用地性质。植物设计丰富，常绿植物与色叶植物的配置起到了很好的营造景观的效果。商业区还可增加硬质空间，树阵等景观营造商业氛围。

分析图丰富，竖向设计过于简单，效果图可考虑表达码头或者茶室建筑。

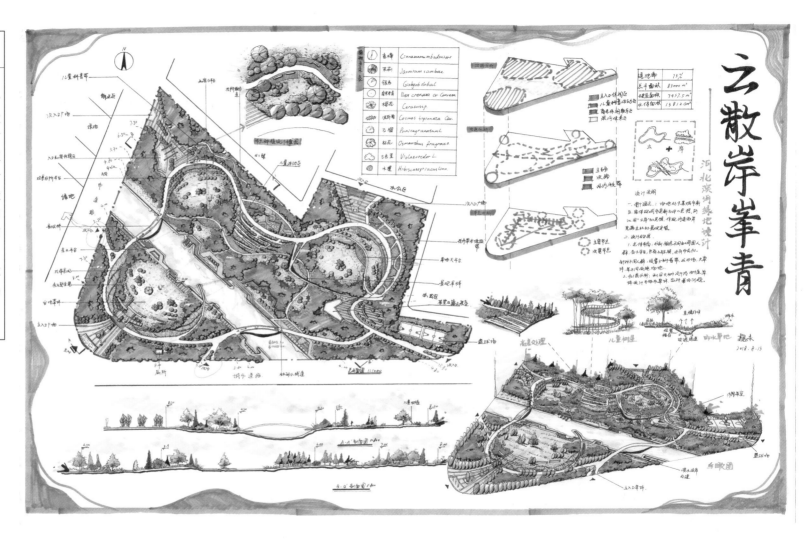

云散岸峯青

河北溪洞绿地设计

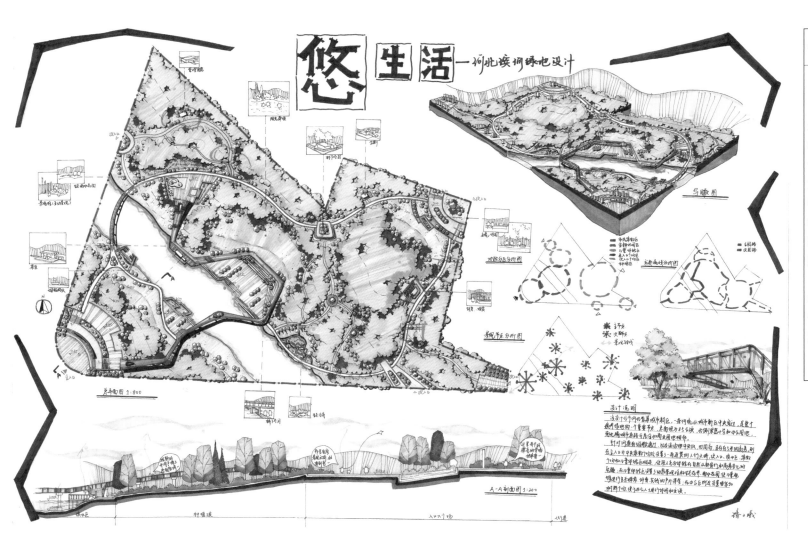

悠 生活 ——河北滨河绿地设计

总平面图 1:800

A-A剖面图 1:200

鸟瞰图

功能分析图

交通流线分析图

景观节点分析图

设计说明

名称：001-160128-0060

　　方案简洁流畅，基本满足城市滨水绿地基本需求。植物种植密集，驳岸改造丰富，红色挑高景观轴设计大胆有趣，为方案亮点。但方案主节点还需丰富内部空间，同时增加二级节点，以丰富游人在其中的趣味性。植物设计稍显单调，建筑选址没有与环境很好结合。

　　方案色彩淡雅简洁，大面积的马克笔快速表达不失为考试可选择的表现手法。排版紧凑，重点内容突出。

## 真题十四：石灰窑公园改造设计

用地位于江南某小城市近郊，离城市中心仅 10min 车程，基地三面环山，东侧向高速公路开口，总面积约 2.3hm²。基地分为上、下两层台地，四座窑体贴着山崖耸立。下层台地有 3 座现状建筑，两个池塘。上层为工作场坪，有机动车道从南侧上山衔接。生产流程是卡车拉来石灰石送到上层平台。将一层石灰石、一层煤，间隔着从顶部加入窑内。之后从窑底点火鼓风，让间隔在石灰石之间的煤层燃烧，最终石灰石爆裂成石灰粉，从窑底运出。目前该石灰窑已经被政府关停，改造为免费的、开放型的公园。

### 要求

该公园主要满足市民近郊户外休闲，以游赏观景为主，适当辅以其他休闲功能。建筑，道路、水体、绿地的布局和指标没有具体限制，但绿地率应较高。原有建筑均可以拆除，窑体保留。宜在上、下层台地各设置 1 座小型服务建筑（面积 30~50m²），各配备 5 个小型车位。下层台地还应考虑从二级公路进入的入口景观效果，并设置 1 座厕所（面积 40m²）以及自行车停车场等。应策划并规划使用功能、生态绿化、视觉景观、历史文化等方面的内容，设计方案应实用、美观、大方。

### 设计任务

（1）总平面图 1：500。

（2）分析图 1：1000（内容自定，至少 1 张）。

（3）文字说明（字数不限）。

（4）其他平、立、剖面图，小透视图（数量不限，能表达设计意图即可）。

### 真题解析

（1）关键词：改造公园、高差设计、生态绿化。

（2）解读：本题为旧址改造，目前国内外有许多类似改造公园经典案例，例如美国高线公园，上海辰山植物园矿坑花园等，考生需思考自己之前积累的相关案例来做方案，突出修复式花园主题。场地原为石灰窑，故向市民开放后如何做生态修复，兼顾保留原有场地特色与文化，是题目特别的地方。题中要求窑体保留，故可选其中一个窑体作为设计重点。由于基址上、下两层高差较大，故可考虑盘山路来处理高差。下层池塘面积较大，考虑保留并加以改造作为亲水景观。

已知基址三面环山，故主入口应设在东侧高速公路旁，结合停车场，西南北三面可考虑设计登山道，将周边环境资源与场地结合。厕所与小型服务建筑应结合场地布局，做到因地制宜。

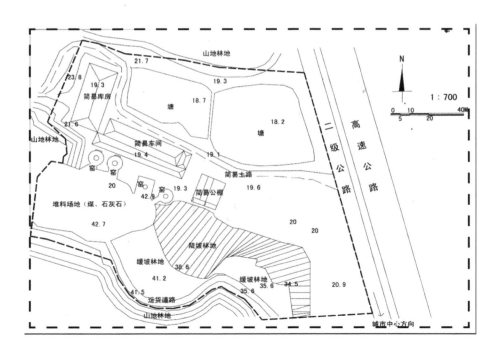

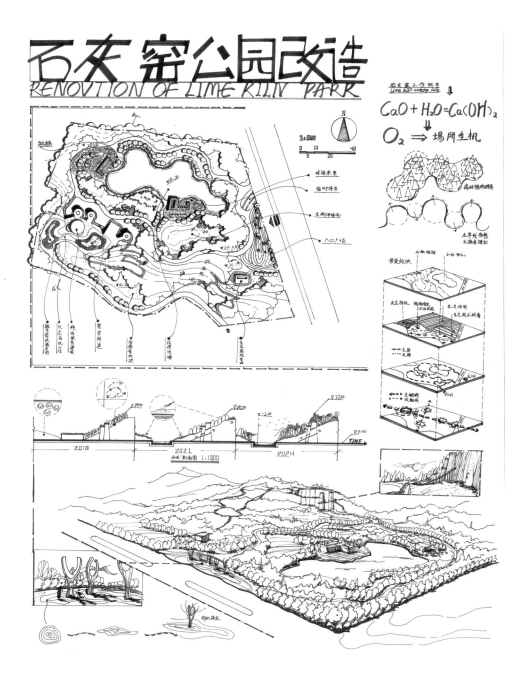

石灰窑公园改造
RENOVATION OF LIME KILN PARK

$$CaO + H_2O = Ca(OH)_2$$

$$O_2 \Rightarrow 场所生机$$

名称：001-170206-0023

　　方案空间划分清晰，主次明确。下层以大面积水域和草坪体现"疏"，上层以密林与盘山路体现"密"，做到了疏密有致。场地大小把控还需增强，考生对场地面积大小理解偏"小"。

　　线条运用娴熟，画面干净，设计与改造公园主题结合较好，版面整洁有序。

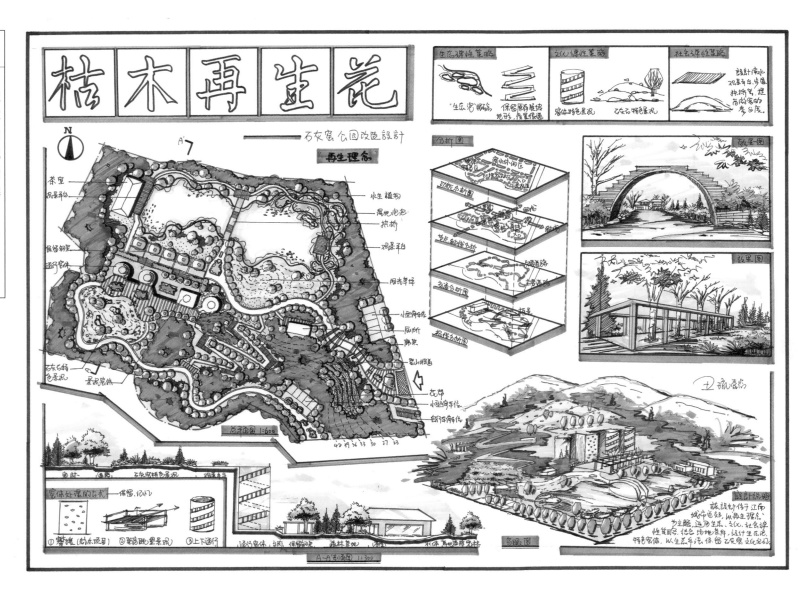

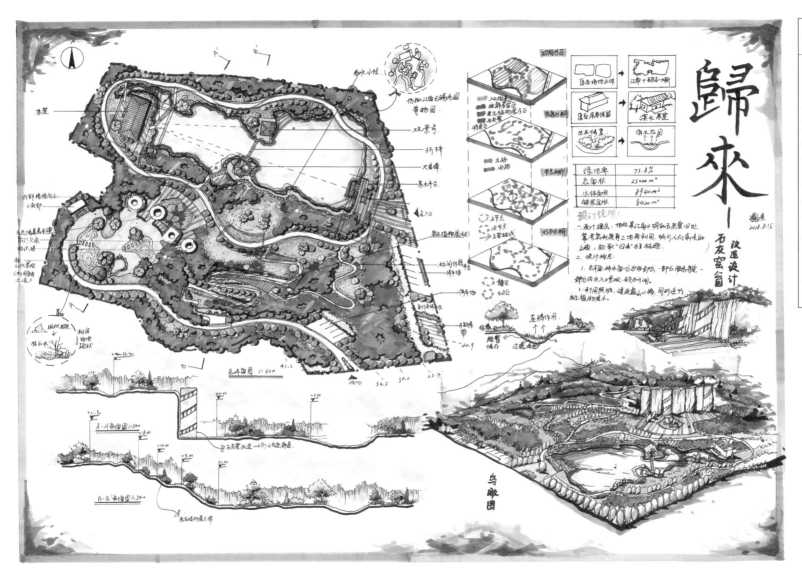

方案保留原有池塘作为下层景观重点，服务建筑采用茶室来结合水景。上、下层采用盘山路来消化高差，整体道路设计流畅。窑体节点形式突出，增加了景观趣味性。节点与道路结合生硬，同时道路旁节点设置还需增加以丰富公园趣味性。

植物种植丰富，绿化率高，竖向设计表达清晰，色彩淡雅。

歸來

石友窑园

改造设计

| 绿地率 | 75.8% |
|---|---|
| 总面积 | 23000 m² |
| 水体面积 | 8940 m² |
| 铺装面积 | 8420 m² |

总平面图 1:600

A-A'剖面图 1:500

B-B'剖面图 1:500

鸟瞰图

## 真题十五：乡村景观

在一座古老的村庄前有一条弯弯的小河，宽约 15m，河水清澈见底，流水汩汩，各种水草在水中自由地舞动。小河上有一座古老的石桥，桥边有一株古老的樟树，见证了村庄的发展历史。桥的上游是个码头，人们在这里挑水、洗菜，下游是个水埠，勤劳的农妇常在这里边洗衣服边讲述日常生活的故事。离水埠不远的地方有一个水坝，把河里的水引到周边的农田。现拟在以桥为中心上下游各 100m、河岸两边各 20~30m 不等的范围建设乡村园林，在满足人们日常生活要求的基础上，既能成为人们劳作之余的活动场所，又能反映乡村浪漫田园生活的园林。

### 设计任务

（1）平面图（比例自定）(70 分)。

（2）植物配置 (20 分)。

（3）鸟瞰图、透视效果图、分析图 (50 分)。

（4）设计说明 (10 分)。

### 真题解析

（1）关键词：乡村景观、河流、田园生活。

（2）解读：乡村景观是基于社会、生态、人文等多方面的景观，除了设计景观，还要考虑人、风俗习惯、地域特征等方面。结合国家目前倡导的"美丽乡村"号召，以及人们对美好田园生活的向往，如何因地制宜充分利用乡村当地资源，打造地域特色，满足村民需求是设计应考虑的重点。题中多次强调"古老"二字，故设计不宜现代，不宜大面积硬质化。题中关键词已经给出乡村景观、河流、田园生活，故设计重点可理解为围绕河流两岸而扩展出的乡村景观。

已知题中并未给出现有地形，故河流的设计可以根据考生自己的需求，丰富河流流向。乡村景观以人为本，解决村民用水需求是设计要素之一。同时，可考虑加入乡村植物景观，如农作物、果树苗木等，突出景观和经济的双重作用。为丰富村民文化生活，可考虑设计中增加集散广场，整体营造浪漫而诗意的乡村景观。

名称：001-160128-0060

　　河流采用弯曲迂回的形式设计，设计尊重场地现状，在乡村特有的园林要素基础上进行提质改造，以农耕展示为主题，景观节点围绕河岸线设计，在保留桥头樟树的基础上设置了村民文化广场。

　　排版紧凑合理，马克笔色彩淡雅，鸟瞰图表达还需丰富细节。

名称：001-170206-0023

　　方案以块状梯田来营造乡村景观氛围，节奏韵律把握得当，把设计弱化到了景观中，景观节点与乡村风格结合，特色突出。交通划分明确，植物种植疏密有致。

　　色彩把控力强，鸟瞰图表现精准。还需增加题中所要求的游船码头设计。

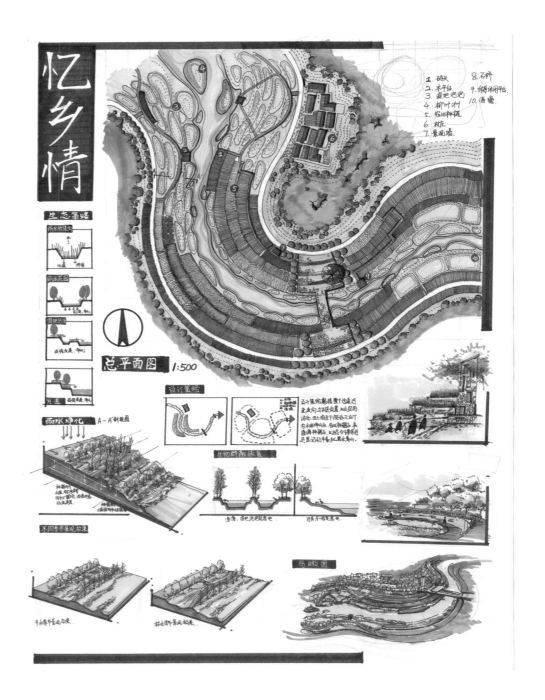

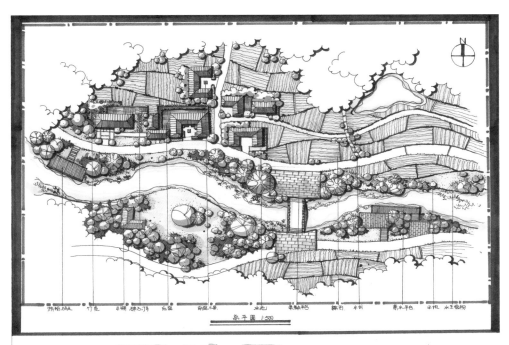

总平面图 1:500

# 田园乐居 —乡村景观设计

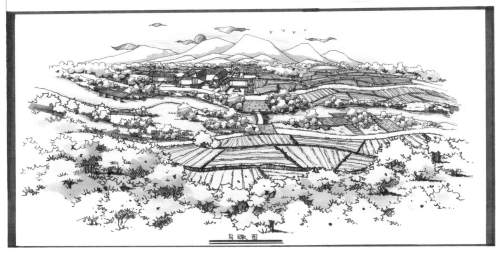

鸟瞰图

名称：001-160128-0060

　　设计亮点是将 200m 宽的河流扩充成了湿地景观，加以雨水和生态分析，借鉴了"雨水花园"模式，将河流景观与乡村灌溉结合。但建筑设计集中，缺少与周边环境的融合。植物种植呆板，不够灵活。

　　线条流畅，构图美观，功能布局合理。

名称：001-170206-0023

方案突出乡村田园生活，用大量建筑农舍来营造"采菊东篱下，悠然见南山"的氛围，但作为乡村景观，建筑面积过多导致绿化面积不足。建筑与田间衔接显生硬，可考虑采取不规则形式以增加乡村景观的美观和亲切感。

色彩淡雅，生态技术表达是亮点。

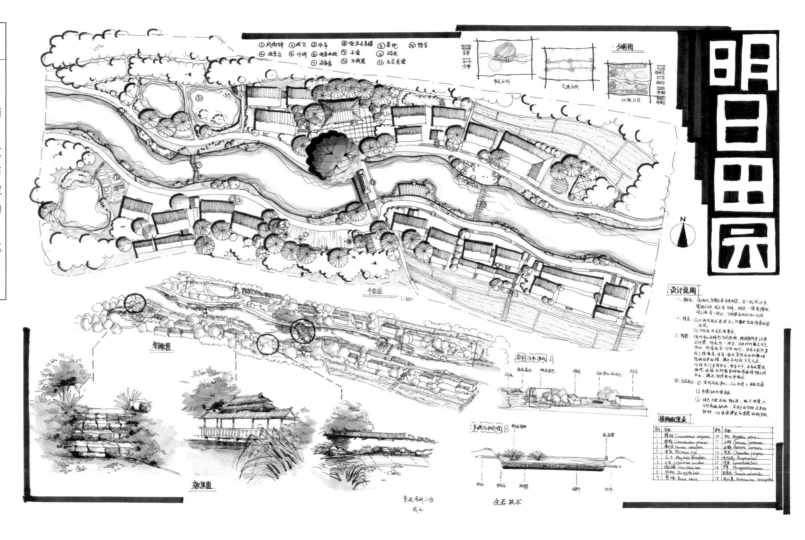

## 真题十六：城市公园绿地设计

项目以城市道路拓宽改造升级为契机进行旧城区更新。设计场地的道路均要拓宽，道路红线分别拓宽至 35m、30m、18m 和 12m，场地内现有建筑全部拆除作为绿色开放空间，总面积约 5.5hm²。场地被城市道路分为三个部分，主干道南侧两个地块，居住用地和城市主干道相邻现场高程比城市东西向主干道低约 3m，场地内存在一定高度变化。

### 要求

（1）场地为开放式和城市绿色空间，设计要处理边界与城市界面的融合，让公众方便进入，必须整体考虑三个地块，通过场地设计串联整个城市街区，要通过设计建立地块间的关联性，同时街景效果与道路的整合绿地率不小于 65%。

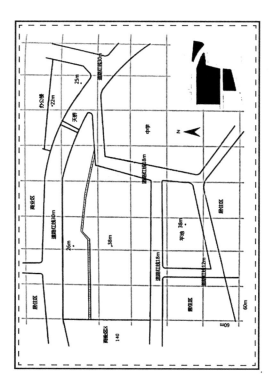

（2）毗邻中学的地块周围需要设计一片满足学生自然认知、生态探索、科普教育和动手实践的户外课堂与认知苗圃区域，面积不小于 1500m²。

（3）公园绿地需要满足周边办公、商业、居住、科教用地的使用功能需求，为附近的居民、工作人员和学生提供公共休闲服务空间。

（4）在场地中选择合适的位置设计一座茶室和两座公共厕所。其中，茶室建筑占地面积 200~300m²，建筑外要有一定面积的露天茶座，每座厕所建筑面积为 100m²。

（5）设计必须考虑到场地中的高程变化，尽量符合绿地内的地表径流零排放到市政管网的要求，设计可考虑场地内雨水、汇水、地表径流与竖向设计的合理结合。

### 设计任务

（1）总平面图，比例 1 : 600，包含竖向设计和种植设计。

（2）节点种植设计平面图，比例 1 : 3000，地块进行详细种植设计（只需要表明植物种类，不需要标注植物规格）。

（3）局部剖面图 2 个。

（4）总体鸟瞰图 1 张。

（5）节点透视图 2 张。

（6）设计说明和其他必要分析图纸。

### 真题解析

（1）关键词：城市公园、旧城改造、开放式。

（2）解读：随着城市建设的快速发展，公园的改造升级也被各地重视，老的城市规划逐步被改造，以适应人民不断提高的文化需求。题中西北某城市为更新旧城区品质需设计公园绿地，以满足周边不同用地性质的需求。已知场地面积较大，道路宽阔，在作基址分析时，商业区周边应以硬质场地为主，景观风格与商业区氛围契合，并做到为商业引流。居住区与绿地公园应有适当隔离以保证居住区私密性，同时也要为居民提供日常休闲场所。中学周边按照题目要求设计户外课堂区，国内目前已有很多学校做了相似设计，学生可自行查阅借鉴。而办公区周边景观，要考虑办公建筑的严肃性。

项目要求考生对绿地规划有很好的理解，着重考虑场地的连贯性和功能性，由于考试时间短暂节点细化可适当弱化处理。同时，题中茶室的选址和公厕的布置，都要做到园林中的因地制宜。

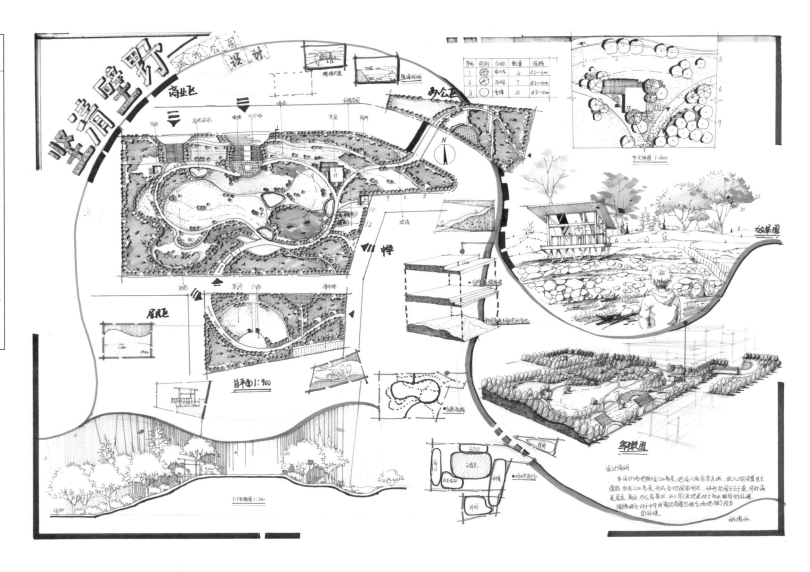

名称：001-170206-0023

总体景观轴线明确，节点大小设计合理，道路系统流畅且分级明确，植物种植合理美观。构图与排版在原有道路基础上增加自己特色，新颖有趣。南侧与西侧的商业区可考虑通过增加道路面积来为商业引流，同时西侧商业区处理欠妥，与商业氛围不符。茶室建筑与道路衔接不连贯。

方案把控力强，线条细腻美观，分析图略简单。

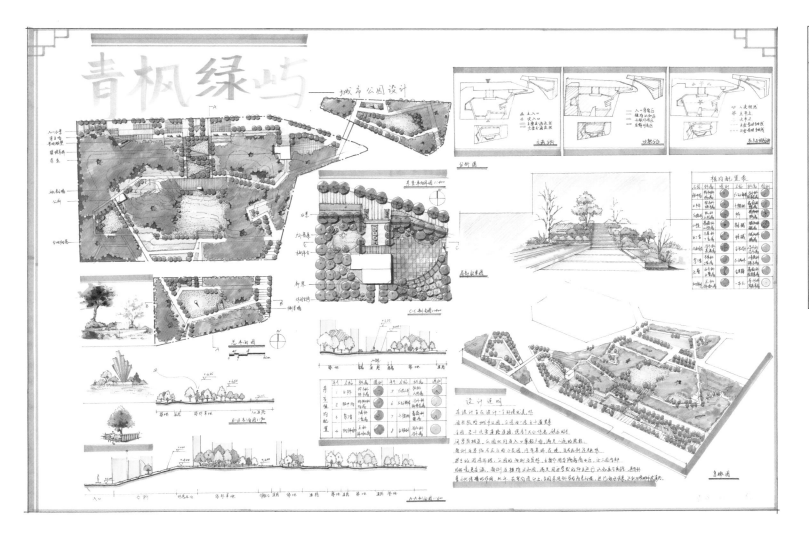

青枫绿屿 ——城市公园设计

名称：001-160128-0060

　　构图流畅美观，功能分区明确，交通贯穿全园，在方案的连贯性上表现很好。场地主节点偏小，不能满足人流集散需求，西侧商业区还需增加硬质场地以满足周边环境的使用需求。局部放大平面图是亮点。

　　分析图详细，剖面竖向设计满足场地要求，植物配置表种类偏少。

名称：001-170206-0023

对周边环境理解较好，设计基本满足环境需求。植物种植合理，植配丰富。主次节点设计合理，主节点还需丰富细节。雨水花园设计是加分项。马克笔运用熟练，布局排版紧凑，制图规范，还需增加场地分析。

# 3.2 项目快题解析

## 项目一：工业园区入口设计

项目地处岳阳，为洞庭湖绿色食品产业园入口，两边绿地由大门一分为二，设计应根据当前现状将东西两侧绿地统一规划，力求独特新颖，符合食品工业园的实际需求。

### 项目分析

（1）关键词：食品产业园、入口设计。

（2）解读：场地地处岳阳，为洞庭湖绿色食品产业园入口，两边绿地由大门一分为二，设计应根据当前现状将东西两侧绿地统一规划，力求独特新颖，符合食品工业园的实际需求。工业园区入口作为厂区的形象标示，需通过景观来传达该工业园的企业文化和公司形象，高品质的入口景观设计可以为园区增添特有的文化韵味和现代化产业的气势。可考虑设置如浮雕墙等小品展示企业文化内涵，使入口景观不会过于单调且具有识别性。

该入口应本着科技展示、企业文化、园林艺术的设计需求，将入口绿地的标示性、现代性和艺术性结合在一起，同时注重景观的生态性和可持续发展特点。因项目已明确要求包含入口门头设计，故园区大门的车流、人流交通，消防、安全岗亭也属于大门设计应涉及的范围，以方便游园人流快捷进入。还可考虑停车场设计，方便员工及外来车辆泊车。

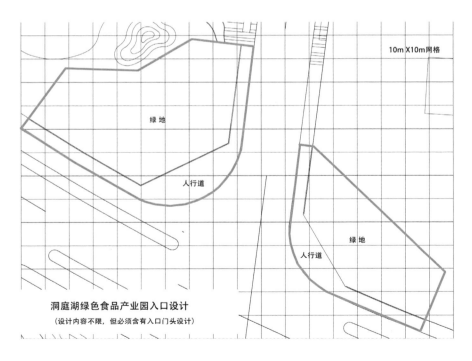

洞庭湖绿色食品产业园入口设计
（设计内容不限，但必须含有入口门头设计）

　　方案将莫比乌斯环原理应用于园区入口设计，概念新颖，富有吸引力。入口景观采用弧线衔接东西两侧绿地，整体形式统一，大门设计与绿地设计结合紧密，浮雕墙的设计凸显了园区的企业文化，植物配置丰富，大门的功能考虑不足。

　　色彩的局部亮色突出了设计重点，表现技法娴熟。竖向设计稍显简单，可适当增加文字说明。

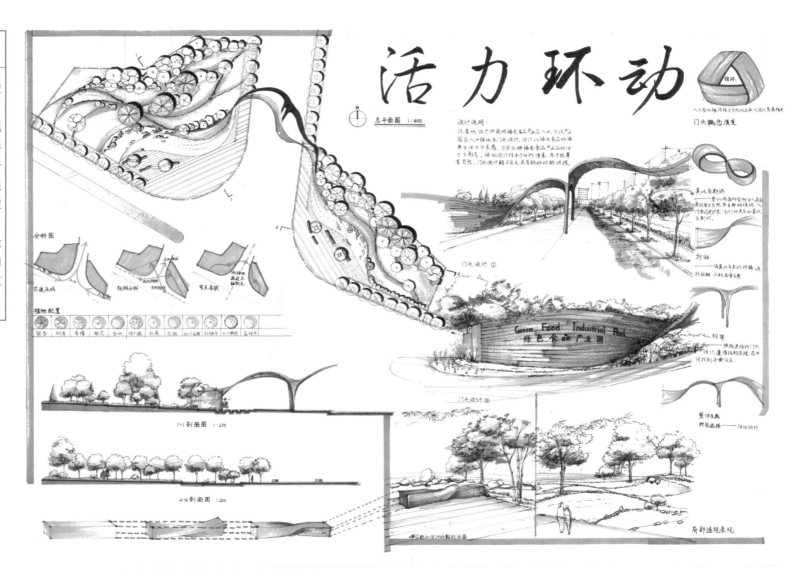

活力环动

总平面图 1:400

设计说明：

分析图

交通流线　　视线分析　　节点景观

植物配置

1-1剖面图 1:200

2-2剖面图 1:200

门头设计 ①

门头设计 ②

门头概念演变

局部透视表现

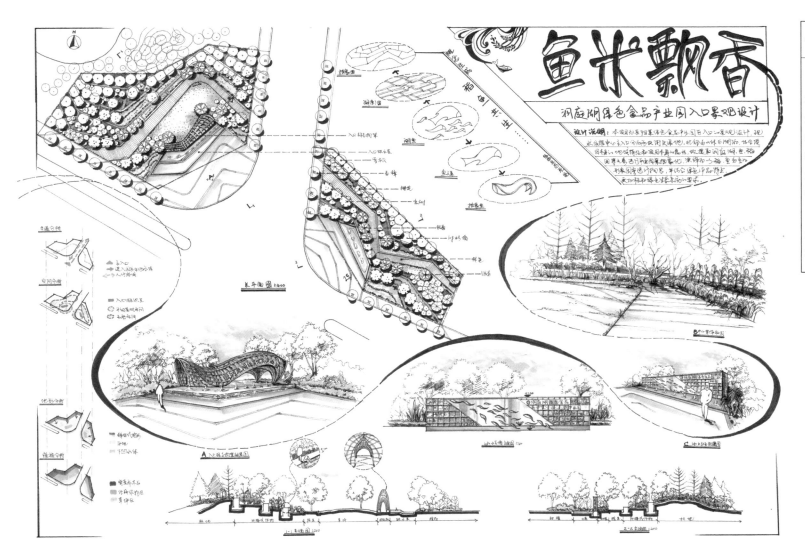

# 鱼米飘香

## 洞庭湖绿色食品产业园入口景观设计

名称：001-160128-0060

方案结合洞庭湖鱼米之乡地域特点，对绿色食品园区的企业定位理解准确。方案简洁、统一，功能划分明确，交通系统清晰，植配丰富，水体的对景设计用在园区入口作为展示性小品是一个较明智的选择。

排版新颖有趣，上色重点突出，文字说明细致，效果图透视准确。

名称：001-170206-0023

　　大手笔弧线设计简洁明了，现代感强，不同区域的划分既有联系又有区别。树阵的排列强调了景观序列的节奏感，贴合现代化工业园区氛围。效果图表达范围较小，若能体现场地的整体景观则更好。

　　排版简洁现代，分析图新颖有趣，若增加更详细的细节景观表达则更为理想和完善。

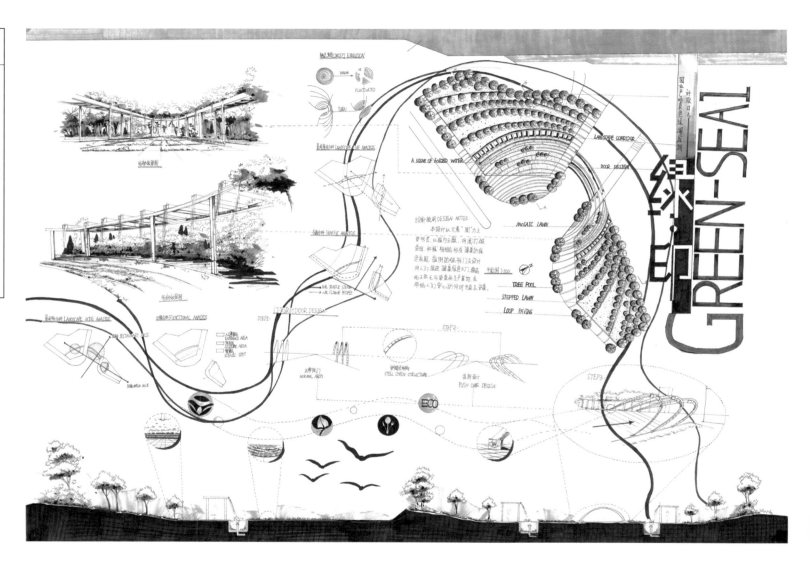

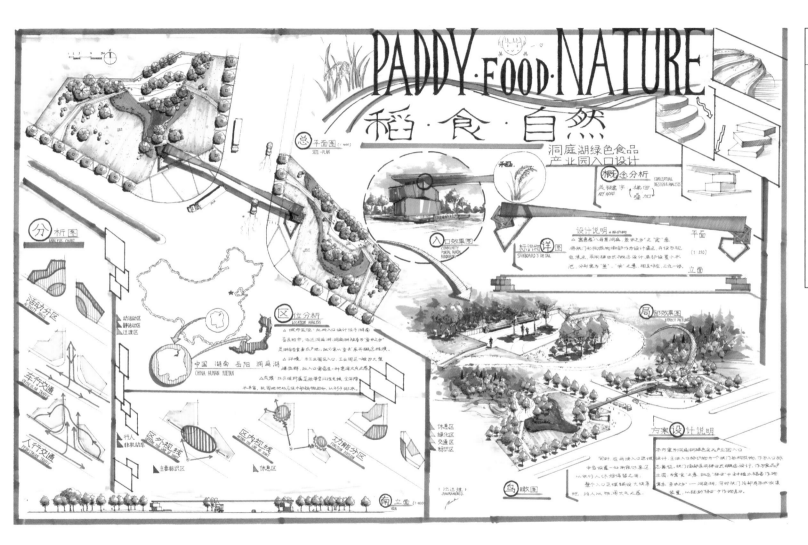

PADDY·FOOD·NATURE

稻·食·自然

洞庭湖绿色食品
产业园入口设计

名称: 001-160128-0060

　　方案将梯田元素引入大门设计，具有特色，能较好体现出工业园区的企业文化。入口设计以绿化景观为主，道路系统清晰明确，空间开合分明，疏密有致，分析图详细。但植物景观表现较弱，种植显得呆板。

　　色调明亮清新，主次分明，重点突出，鸟瞰图较好地表达了园区入口和周边环境的关系。

总平面图 (1:400)
SITE·PLAN

概念分析
CONCEPTUAL
DESIGN·ANALYSIS

入口效果图
COMMUNITY
PORTAL NODE
RENDERING

标识物详图
SIGNBOARD'S DETAIL

设计说明

平面

立面
(1:150)

分析图
ANALYSIS CHART

活动分区
ACTIVITY AREA

车行交通
VEHICLE TRAFFIC

人行交通
PEDESTRIAN TRAFFIC

区位分析
LOCATION ANALYSIS

中国 湖南 岳阳 洞庭湖
CHINA HUNAN YUEYANG

区外视线

区内视线

功能分区
FUNCTION DIVISION

局部效果图
EFFECT PICTURE

方案设计说明

南立面 (1:400)
VER

鸟瞰图

　　方案以绿色生态设计思想为主导，因地制宜，景观设计、功能分区都体现了工业园区的地域特色和人文关怀，曲线型景观序列引导了两边景观和人的活动，标示性小品突出。

　　图量丰富，内容表达完整，文字说明详细，但鸟瞰图所选角度不佳。

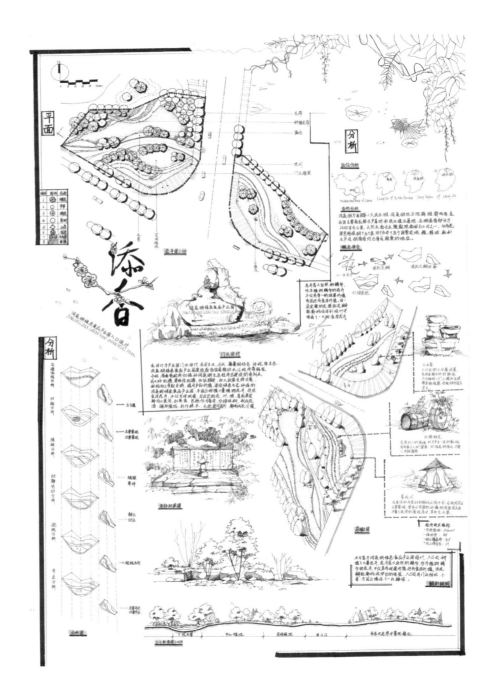

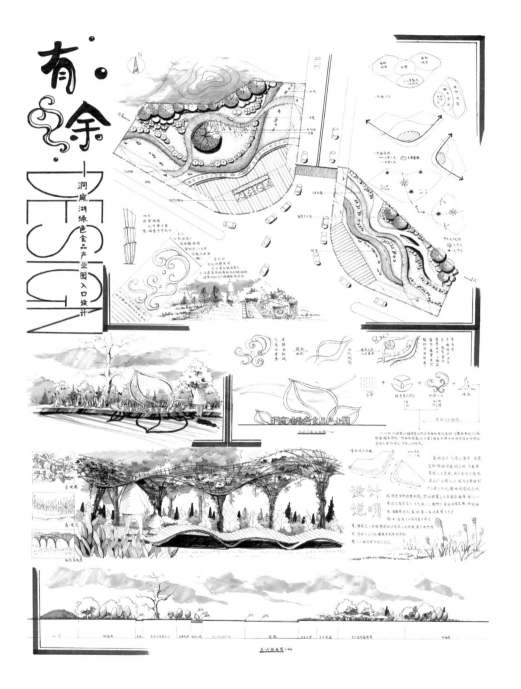

名称：001-160128-0060

　　方案空间划分清晰，东西两侧景观互相呼应，利用孤植树来营造视觉焦点。涌泉设计可以为园区入口带来生机和活力，但涌泉形式与周边结合稍显生硬，流畅度不足。

　　线条细腻，表现技法娴熟，马克笔上色手法简单有效，图量完整。

## 项目二：校园读书公园设计

基址位于中南地区某综合性大学校园内，面积为 3hm²，场地西面和南面为教学区，东面为学生宿舍，北面为图书馆。基址内原地势较高的地方为一些民宅，现已拆除，宅旁三棵树龄约为 30 年的核桃树须保留。基址东北角原为一荷塘，现已淤积，污染严重。其他用地情况详见地形图。现拟将该基址建成一座读书公园，为学生晨读、阅报、班会、小型户外展览等服务。

### 要求

（1）总平面图 1：500。

（2）必要的设计分析图。

（3）公园总体鸟瞰图。

（4）技术经济指标及简要设计说明。

### 真题解析

（1）关键词：校园景观、读书公园、中南地区。

（2）解读：校园公园设计须展现学校历史和校园文化的传承，为师生提供学习、研究、工作、生活的场所，以人为本和人文气息是高校绿地独具的"场所精神"。题中校园绿地定位在中南地区某综合性大学，场地地形规整。已知条件中三棵大树按题目要求保留，可以利用三棵核桃树作为景观节点。基址中已知水域有两处，可利用现有水景营造亲水性景观。

场地高差较大，如何结合周边教学楼、图书馆、学生宿舍的不同用地性质，同时消化内部高差是考生应思考的内容。南侧作为教学楼更多是为满足师生快速上下课的交通需求，以及满足课余期间短暂停留的需要；南侧为图书馆，应考虑植物的围合以满足学生安静阅读的需求。东侧可以结合学生公寓设置学生休闲、运动健身等设施。此外，题中已经明确以"读书"为主题，故须在场地中加入阅读空间，满足晨读、班会等使用需求。

基于大多数考生都对校园生活有较深入的理解，可以通过切身感受来考虑高校绿地设计的使用价值和精神需求。

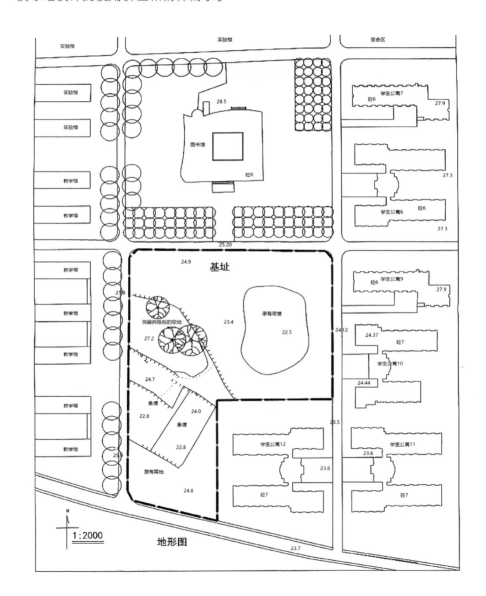

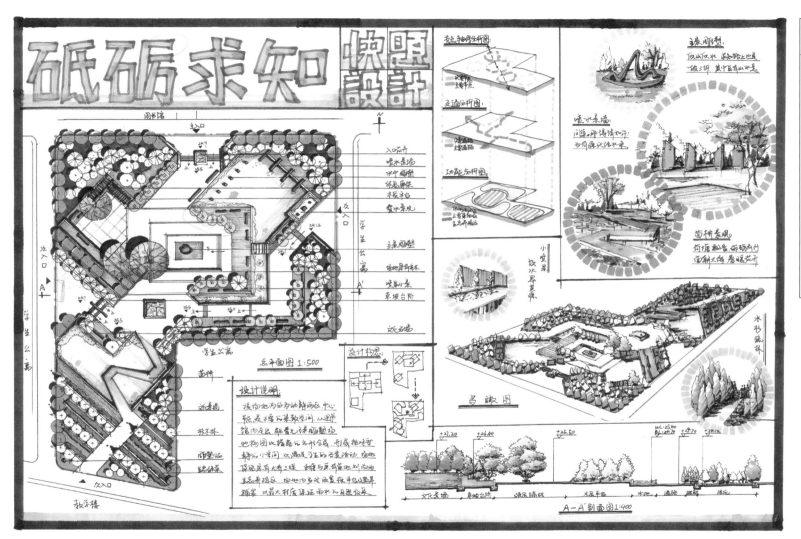

砥砺求知 快题设计

名称：001-160128-0060

该方案利用原有荷塘、鱼塘为水景，且将原有菜地保留作为生态菜园，对场地利用较好，但平面未体现核桃树林下空间的高差处理。主次入口设置合理，空间界定明确，能看出考生具有较好的构图能力。

效果图与剖面图内容丰富，色彩淡雅，排版合理。

图书馆

入口花卉
喷水景墙
水中雕塑
休息廊架
木板平台
亲水景观

主景雕塑
场地原有树林
喷泉小景
草坡台阶
汀石塘

苗圃
水景墙
核桃林
雕塑品
装饰菜

总平面图1:500

设计构思：

设计说明：

节点手绘分析图
交通分析图
功能分析图

主景雕塑

喷水景墙

小景景观
跌水景其境

苗圃景观

鸟瞰图

水杉疏林

A-A剖面图1:400

教学楼

次入口

125

名称：001-170206-0023

该方案主题明确，呼应"读书公园"的主题。平面采用自然与规整相结合的方式，利用了场地现有内容，对场地高差处理恰当，但集散空间面积偏小，还应考虑师生课间活动的场地需求。

线条熟练，画面整洁，鸟瞰图还应增加植物配置。

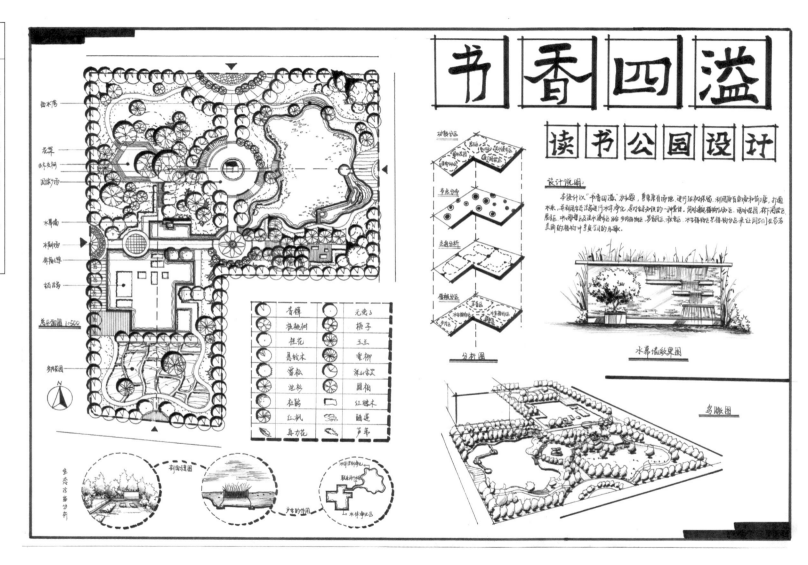

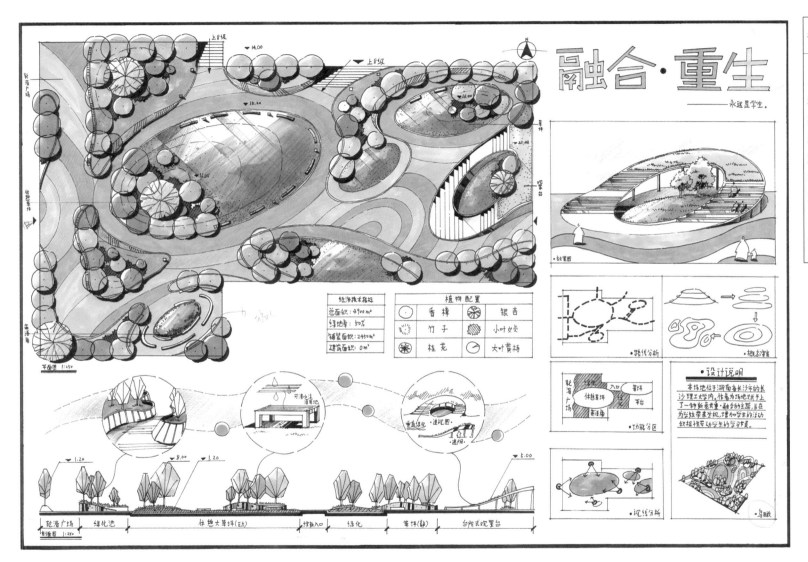

融合·重生

——永延昆学生.

名称：001-160128-0060

　　该方案流畅简洁，以植物和铺装来围合空间并组织交通关系，风格现代简约，但没有利用场地现有条件，且缺少景观小品等细节内容。丰富场地中的停留空间，增加景观小品，方案会更出色。

　　版面整洁，上色明亮，令人耳目一新。

植物配置

| | 香樟 | | 银杏 |
|---|---|---|---|
| | 竹子 | | 小叶女贞 |
| | 桂花 | | 大叶黄杨 |

经济技术指标
总面积：4900m²
绿地率：50%
铺装面积：2450m²
建筑面积：0m²

·路线分析　·概念演变

·功能分区　·设计说明

·视线分析　·鸟瞰

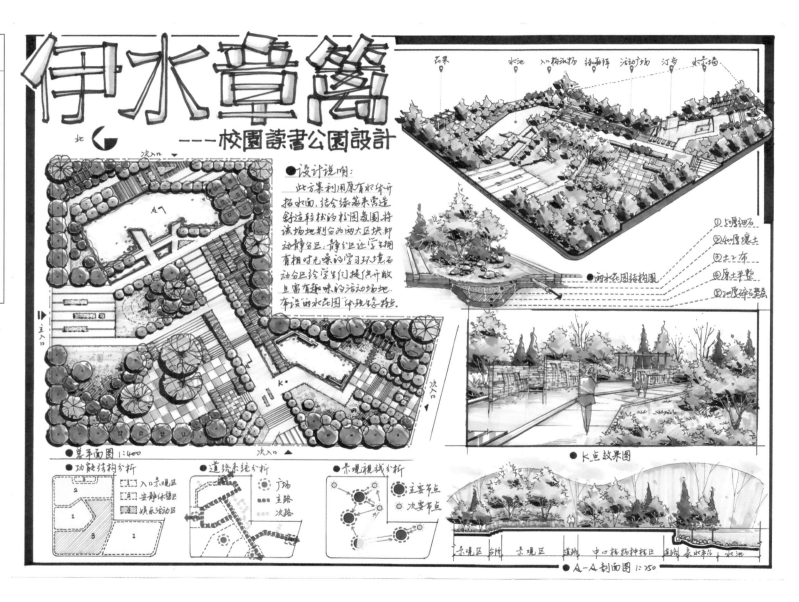

名称：001-170206-0023

该方案对校园场地理解准确，空间设计、交通设计及入口设置合理，对现有水塘予以保留并结合"雨水花园"体现生态景观。考生对植物配置掌握熟练，场地内植物表达丰富，节点细节丰富。

色彩淡雅清新，竖向设计丰富，分析图比较完整，"雨水花园"是亮点。

伊水章馨
———校園讀書公園設計

●设计说明：
此方案利用原有水塘开拓水面，结合绿篱来营造舒适轻松的校园氛围将该场地划分为两大区块即动静各区。静区让学生拥有相对无噪的学习环境而动区则给学生们提供开敞且富有趣味的活动场地，布设的水花园体现生态性。

花果　水池　入口构筑物　绿篱阵　活动广场　汀步　水景墙

①5厚细石
②40喷浆土
③土工布
④原土平整
⑤20喷碎石垫层

●雨水花园结构图

●長点效果图

●功能结构分析
入口景观区
安静休憩区
娱乐活动区

●道路系统分析
广场
主路
次路

●景观视线分析
主要节点
次要节点

景观区　乔木　景观区　道路　中心植物种植区　道路　亲水平台　水池

●A-A剖面图 1:250

# 诗酒趁年华

图书馆

鸟瞰图

厨架

学生公寓

树池坐椅

湖光榭

桶碾磨

特色廊架

教学楼

咖啡厅

设计说明

该公园基址位于中南地区某综合性大学校园内，首先对场地原有的三棵树加树池保护，并将高地做成了一个半私密空间供学生晨读阅读。将原有荷塘和池塘通清清净化，做成明澈水景，在整个场地的细节部分用诗句展览，整个场地以"诗酒趁年华"为主题，意在告诉学生学习与青春都是我们的年华应当去努力与珍惜的。

效果图

交通流线分析

总平面图 1:500

主要道路
次要道路

功能分区

阅读晨读区
集会碾乐区
休闲观赏区

A-A剖面图 1:250

水池 甬道 平台 草坪

展览景墙

学生公寓

节点

节点分析

名称: 001-160128-0060

该方案构图工整，主次入口与交通流线合理，画面简洁，但还应增加主节点休憩空间。三棵核桃树的空间如果不采用墙体围合会更好。教学楼前考虑到人流集散还应增大出入口铺装面积。

制图规范，竖向设计表达丰富，马克笔运用熟练。

名称：001-170206-0023

　　曲线型构图与场地结合较好，对现有场地元素加以利用和处理，主次节点大小设置合理，交通清晰，但整体植物围合偏少，绿化率偏低，还可以在植物配置上下功夫。

　　竖向排版工整，还可增加概念分析，呼应"读书公园"的主题。

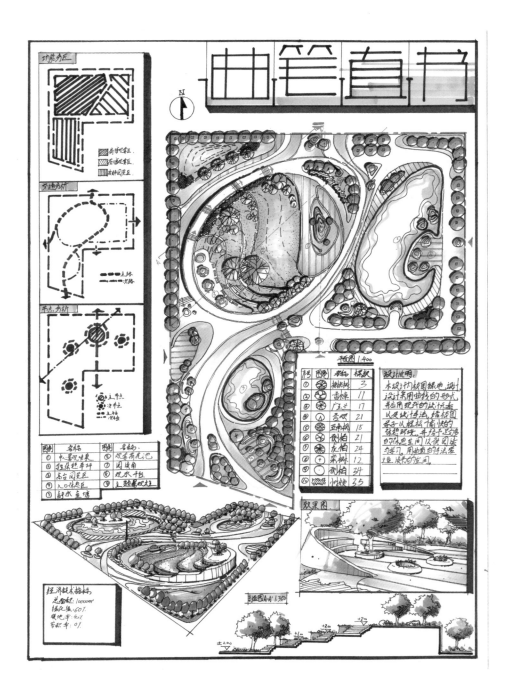

## 项目三：城市广场设计

　　场地位于湖南省株洲市炎帝广场，历史上炎帝神农氏"以姜水成"，葬于"长沙茶乡之尾"，即现在的湖南省株洲市。场地为东方神龙铁塔的主出入口，整个广场占地 17h m²。广场平面为展开的扇形，是从城市主干道到神农生态城生态区的过渡空间，现规划为集文化、集会、娱乐、健身、休闲、商贸、交通等功能于一体的城市广场，同时要求展现出株洲的历史文化底蕴。

### 项目分析

　　（1）关键词：入口广场、过渡空间、休闲、商业。

　　（2）解读：炎帝广场地处湖南省株洲市，为东方神龙铁塔的主出入口，整个广场占地 17h m²。广场平面为展开的扇形，是从城市主干道到神农生态城生态区的过渡空间。作为株洲市重要的城市广场，如何将炎帝文化与株洲现代文明结合传承是首要考虑的设计内容。可考虑借用红线范围外的周边环境，以电视塔为景观核心，绿色生态为主基调，提升城市居民生活质量。

　　广场依托了浓厚的炎帝文化，在实际方案中应该体现出气势磅礴的历史底蕴，兼并城市广场的审美功能、精神文化功能、商业功能以及交通集散功能等内容，通过广场景观提升株洲精神文化，展现市民精神风貌。

　　城市广场作为反映现代都市文明气氛的公共开放空间，应设计能容纳大量人群集散活动的开放空间，因而交通系统和活动空间尺度的把握要恰当。通过多功能的复合功能和多层次的空间营造为株洲市打造一个具有标志性和历史文化的城市主题广场。

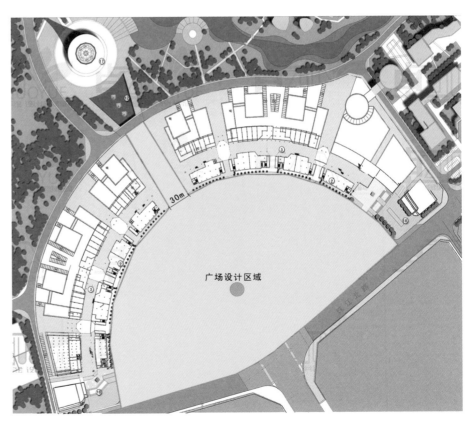

广场设计区域

名称：001-170206-0023

　　方案通过中轴对称的规则式布局控制广场布局，借用水体景观的空间布局引导游览者观景视线的移动，起到步移景异的效果。矩阵规则式布局使整体景观富有协调性，弧形道路空间提供给游览者多维度休憩空间。

　　主题元素挖掘深入，图量完整，分析图详细。可适当增加乔木数量，以加大广场林下空间面积。

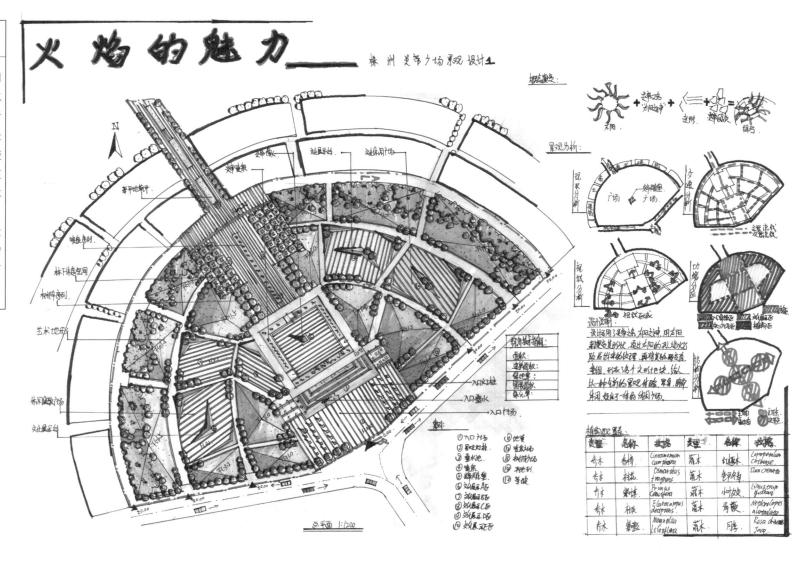

# 火焰的魅力

株 州 美 节 广 场 景观 设计 1

总平面 1:200

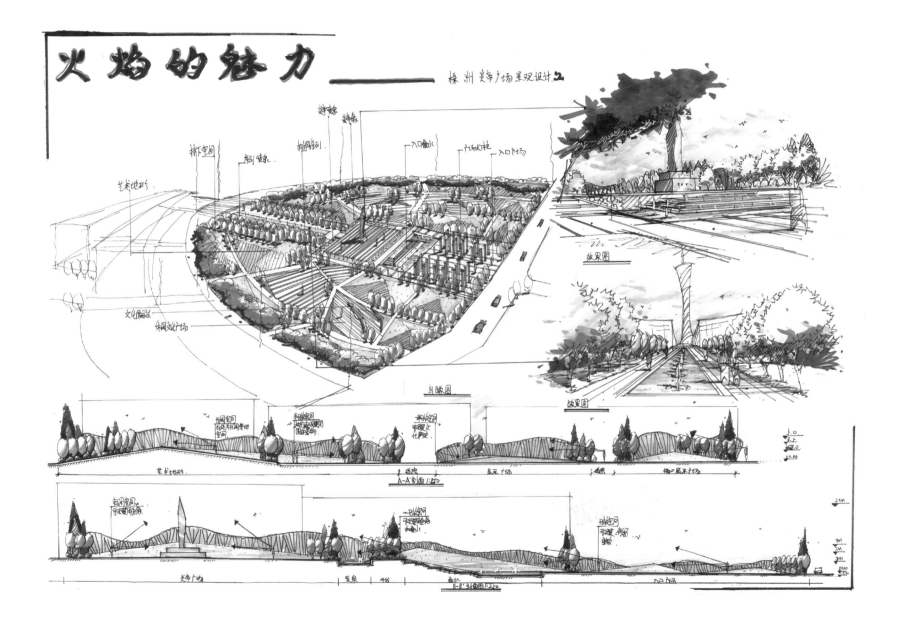

火焰的魅力 —————— 株洲 炎帝广场景观设计 2

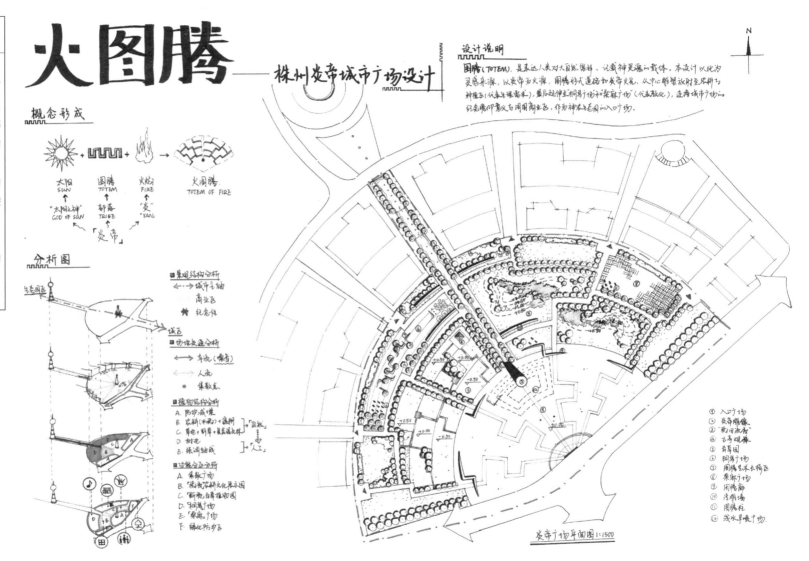

名称：001-170206-0023

方案向心性构图强化了广场中心节点，将设计中心引向广场外部的电视塔，通过零碎化的组合小广场来形成大型的集散广场，空间组合形式灵活，景观细节丰富。广场主轴线的纪念性雕塑是标志性小品，控制了整个广场绿地的中心。

表现出色，文字说明到位，鸟瞰图和剖面图起到了很好的辅助表达作用。

# 火图腾——株州炎帝城市广场设计

## 概念形成

太阳 SUN + 图腾 TOTEM + 火焰 FIRE → 火图腾 TOTEM OF FIRE

"太阳之神" GOD OF SUN    "部落" TRIBE    "炎" "YAN"

「炎帝」

## 分析图

■景观结构分析
←→ 城市主轴
商业区
纪念性

■场地交通分析
←→ 车流(景观)
←→ 人流
● 集散点

■植物结构分析
A. 防护减噪带
B. 草坪(水系)+遮阴
C. 乔灌+草本+复层混交林
D. 树池
E. 绿化轴线

■功能分区分析
A. 集散广场
B. 炎帝文化展示园
C. 断肠白草植物园
D. 祠马广场
E. 祭祀广场
F. 绿化散步广场

## 设计说明

图腾(TOTEM)，是表达人类对大自然崇拜、记载神灵源的载体。本设计以此为灵感来源，以炎帝为火源，图腾形式道路如炎帝火光。从中心雕塑放射至街衢与神龛区(代表生理需求)，最后延伸到祠马广场和祭祀广场(代表敬化)，连结城市广场和纪念性印象义与周围商业区，作为神冰与老图入口入广场。

① 入口广场
② 炎帝雕像
③ 商用流街
④ 古亭观廊
⑤ 绿雕园
⑥ 祠马广场
⑦ 图腾艺术长廊区
⑧ 祭祀广场
⑨ 闲德廊
⑩ 冷雨场
⑪ 图腾柱
⑫ 戏水早晨广场

炎帝广场平面图 1:1500

# 火图腾 —— 城市广场设计

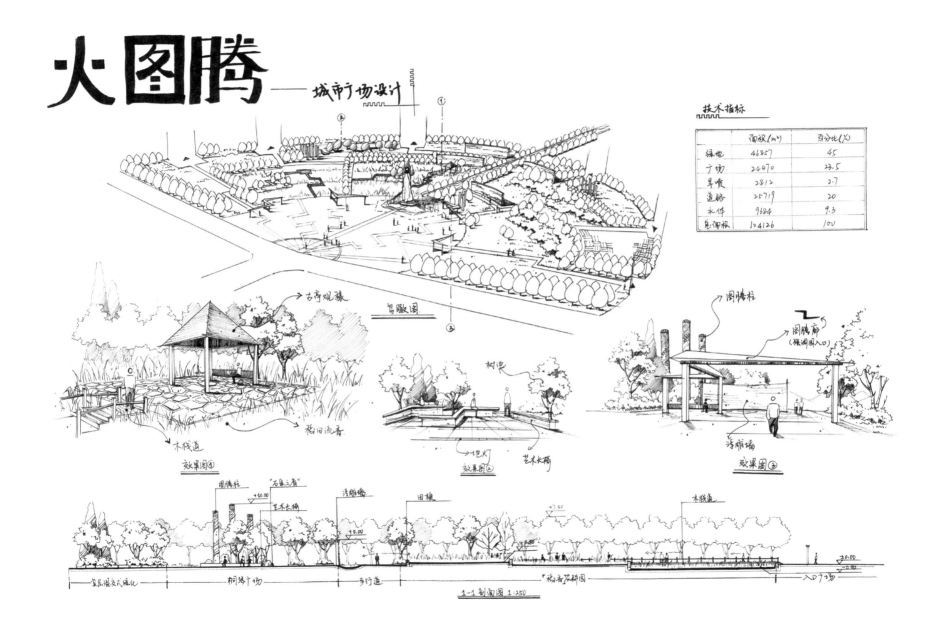

## 技术指标

| | 面积(m²) | 百分比(%) |
|---|---|---|
| 绿地 | 46857 | 45 |
| 广场 | 24470 | 23.5 |
| 旱喷 | 2812 | 2.7 |
| 道路 | 25719 | 20 |
| 水体 | 9684 | 9.3 |
| 总面积 | 104126 | 100 |

鸟瞰图

效果图①
古亭观稼
褐田流香
木栈道

效果图②
树池
地灯
艺术长椅

效果图③
图腾柱
图腾廊 (猴洞园入口)
浮雕墙

1-1剖面图 1:250
图腾柱 "石泉之音" 浮雕墙 田梗 木栈道
艺术长椅
居民混交式绿化 桐荫广场 步行道 褐香花科园 入口广场

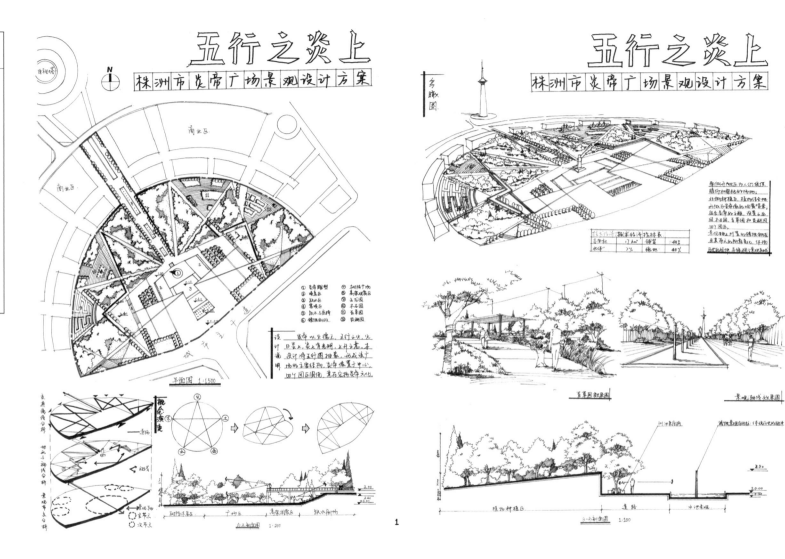

名称：001-170206-0023

　　该方案采用向心式布局，将周边环境机理引入广场绿地内部，采用折线型交通道路系统围合空间，植物设计丰富，功能划分清晰。美中不足的是主入口广场稍显空洞，可增添景观小品以增加景观实用性。

　　整体内容丰富，表现到位，鸟瞰图和效果图还需加强明暗关系对比。

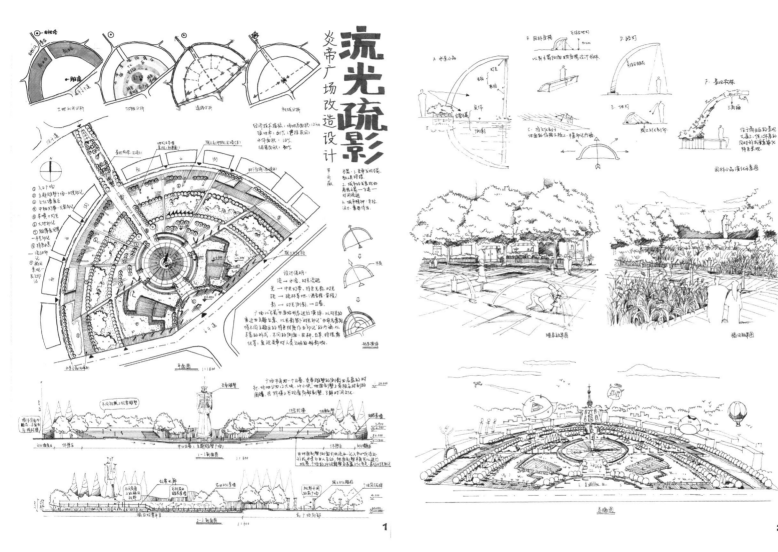

# 流光疏影

## 炎帝广场改造设计

名称：001-160128-0060

方案采用完全中轴对称式布局，尺度适宜，铺装面积大，可满足日常集散、休息和商业的需求。采用圆形节点设置来聚焦视野，突出广场纪念性，充分满足广场绿地观赏性及使用功能。

平面图内容详细，剖面图规范，鸟瞰图尺度把握较好。

1

2

## 项目四：郊野滨水公园景观设计

项目位于某市郊区金海湖边，拟修建滨水郊野公园，设计范围如右图红线所示。设计需与金海湖整体景观相契合，注意石壁保护和湿地水位的变化（水位线为112m），需保留场地原有植物（果树、黑松、高山苔藓植物等）。

### 要求

（1）设计1个码头。

（2）设置电瓶车停车位。

（3）道路设计需通往山顶和岛东侧崖壁。

### 项目分析

（1）关键词：郊野公园、休闲、生态、动植物保护、码头设计。

（2）解读：项目中金鸡湖滨水公园的规划设计集生态、休闲、动植物保护于一体，场地靠近驳岸沿线，因而可以定义为滨水带状公园。项目作为郊野公园，应该考虑到动植物的保护、石壁保护以及湿地的水位变化，作为一个大面积的滨水公园，概念设计以场地规划为主即可。从生态资源的保护和利用为出发点，以金海湖为核心，整合周边多处特色景区，依托优美环境资源和"美丽乡村"开发模式，形成拥有独特景观的旅游观光胜地，打造高端滨湖旅游度假区。

结合项目给出的7点要求，在滨水空间设计中，应结合金海湖公园整体特色，在风格上做到一脉相承。对场地现状进行细致分析，还原地域的自然和文化景观特色。强调滨水空间的公共性，提高滨水空间的开放度和可达性。同时注意场地的生态性，创造和谐生态的滨湖景观。结合地域特色，以景观语言方式展现出来，让游览者身在其中能够充分与公园人文精神进行交流。

码头位置、电瓶车停车位以及通往山顶和岛东侧崖壁的设置也是项目设计中应重点注意的细节。

项目平面（红线范围）

设计要求
1.项目定位是滨水郊野公园，要与金海湖整体景观相契合。
2.注意石壁的保护和湿地的水位是变化的。
3.保留场地原有植物（果树、黑松、高山苔藓植物）。
4.建设一个码头。
5.设置电瓶车停车位。
6.水位线为112 m（蓝线）。
7.设置合理通往山顶和岛东侧崖壁的道路。

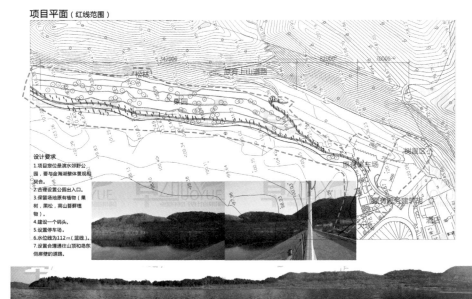

项目平面（红线范围）

设计要求
1.项目定位是滨水郊野公园，要与金海湖整体景观相契合。
2.合理设置公园出入口。
3.保留场地原有植物（果树、黑松、高山苔藓植物）。
4.建设一个码头。
5.设置停车场。
6.水位线为112 m（蓝线）。
7.设置合理通往山顶和岛东侧崖壁的道路。

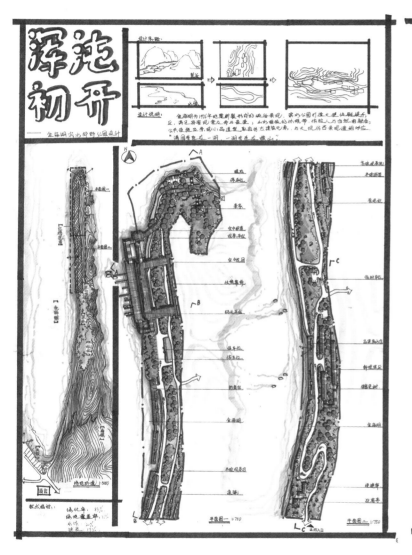

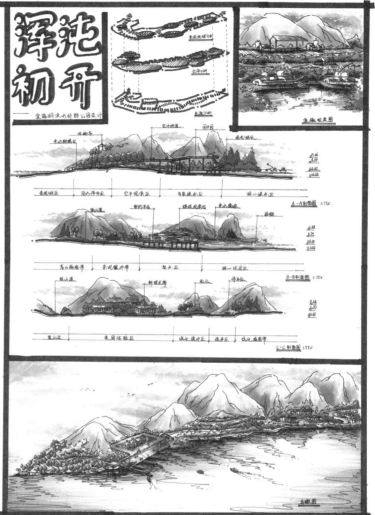

名称：001-160128-0060

　　方案功能分区清晰，道路系统明确，在整体规划中以生态绿地为主营造滨水植物景观，结合滨水沿线对滨水景观进行了布置，留给人们舒适的停留空间。滨水驳岸和码头的形式稍显生硬，可考虑根据驳岸形式稍作变化。

　　整体表现较好，马克笔色彩细腻，版面布局紧凑。

名称：001-170206-0023

方案设计大胆，采用红色飘带的高差式处理在公园内部形成了一个带状观景眺望平台，给人们带来良好的视觉享受。浮岛的设计满足了公园的生态要求，兼顾了生态和景观的效果。入口处形式和内容较潦草，还需推敲。

色彩淡雅协调，竖向分析细致，鸟瞰图展现了公园设计全貌。

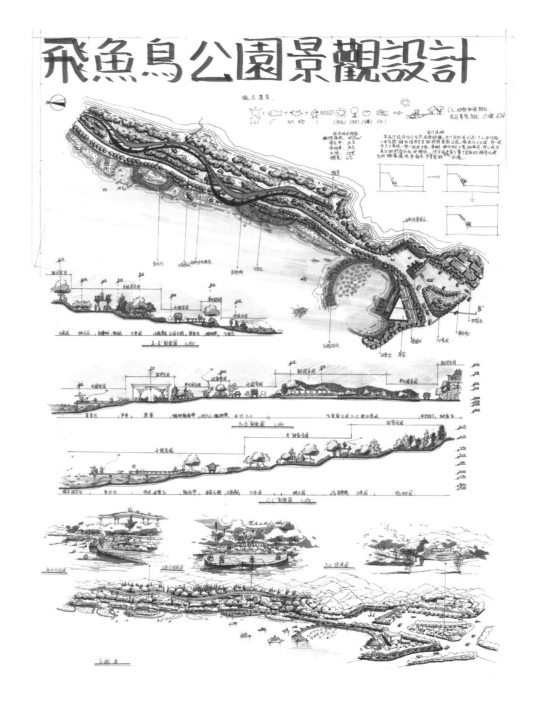

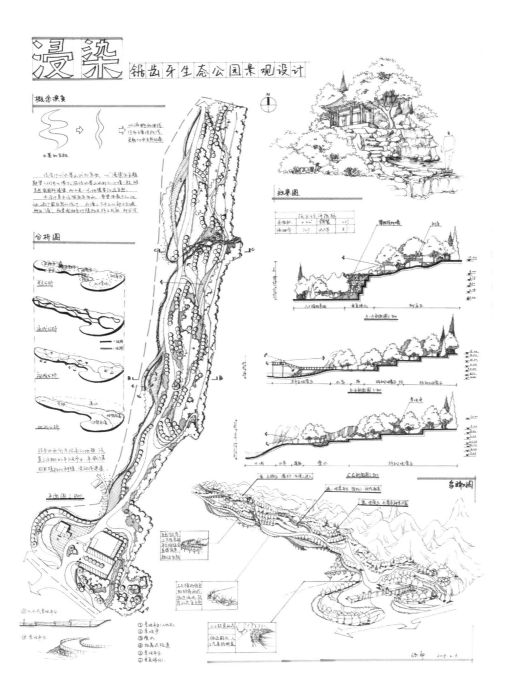

名称：001-160128-0060

　　方案滨水空间的设计以开敞式空间为主，增强水域空间的可达性和亲水性，吸引游览者参与互动，体会自然。交通系统具有良好的联通性，依托地势增添景观，以丰富竖向设计内容。大面积铺装空间内部表达潦草，还需深化。

　　画面协调，整体表现较好，排版形式值得借鉴。

滨水公园设计围绕驳岸线展开，交通系统的布置具有高连接性和良好的可达性。尺度把握适宜，空间内容丰富，游览者可通过良好的视觉感受进一步加深对金海湖的印象。滨水空间的处理方式丰富，达到了步移景异的效果。

线条细腻，鸟瞰图表现准确，但还需增加设计说明和设计构思。

# 金海湖景观设计
## JINHAI LAKE LANDSCAPE DESIGN

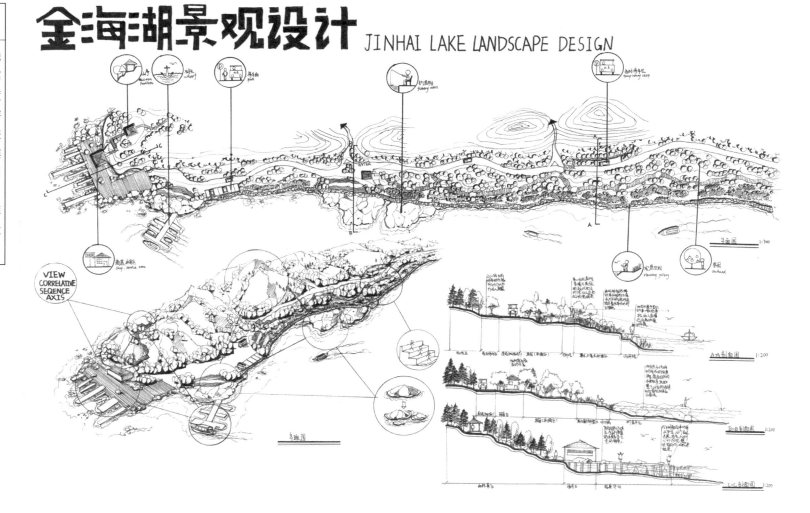

## 项目五：商业广场景观设计

项目场地原为贵阳日报办公场地。用地东侧为金阳新区门户，为本项目的第一形象展示面，布置超高层甲级写字楼及商业区。西侧为贵阳日报办公及商业用地。北部为城市公园，设置 LOFT 公寓及商业区。用地中部和商业体之间打造商业内街，成为各类用地的联结纽带。

### 项目分析

（1）关键词：商业内街、形象展示、办公、LOFT 公寓、沿街销售。

（2）解读：商业广场的方案设计分析在前面高校真题解析当中已经谈到，此处不再赘述，仅就项目进行分析。项目地处贵阳金阳新区，周边建筑用地性质包括写字楼、商业区、公寓以及办公区，用地性质较复杂，且不同性质的建筑层高有较大区别，因此在场地设计当中应注意景观与建筑空间的有机契合，体现贵阳当地人文内涵与城市精神。将建筑、人行道和露天空间交织穿插，营造出城市与建筑物完美融合的景象，使设计集居住、办公、娱乐、休闲等多种功能于一体。

由于周边建筑性质的多样性，因此在场地绿化中应注意运用点、线、面结合的设计手法来增加内部空间的流动性，在 210 国道边主入口处应设计对外展示空间，在办公楼前景观设计应突出贵阳日报的企业文化，而公寓与商业楼间的商业内街则应以引导和提示为主，吸引人群进入商业楼，促进消费。通过多种类、多层次的景观节点设计来阻挡、间隔人们的视线，避免直线设计，引发人们一探究竟的好奇心，触发人们的消费欲望。

道路铺装作为商业广场重要的组成部分，可考虑通过对路面的图案和纹理的设计，使空间变得趣味新颖。无障碍道路设计、过街天桥下方空间设计，在商业广场的交通设计中也是重要的一部分。

## 商业区（贵阳日报）

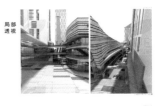

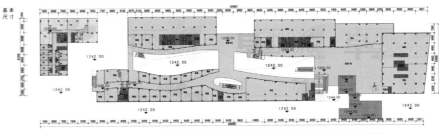

名称：001-170206-0023

商业广场设计以硬质景观为主，从铺地、材质机理的组合和重构来打造商业景观，营造商业氛围。国道旁主入口处和贵阳日报楼前的场地，均通过景观小品的塑造起到了展示和辨识性作用。空间内容丰富，尺度适宜，与周边环境相融，体现了景观层次丰富的特征。

方案简洁清晰，图像式的平面说明富有趣味性。

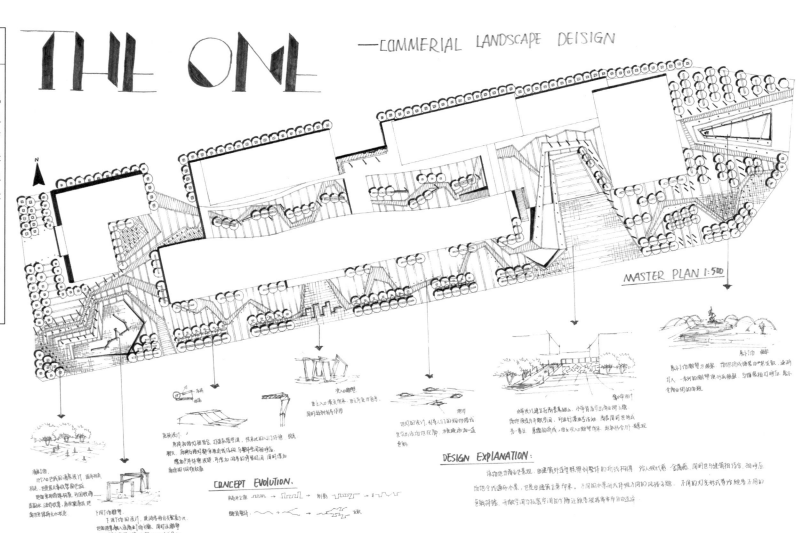

THE ONE —COMMERIAL LANDSCAPE DEISIGN

MASTER PLAN 1:500

CONCEPT EVOLUTION.

DESIGN EXPLANATION:

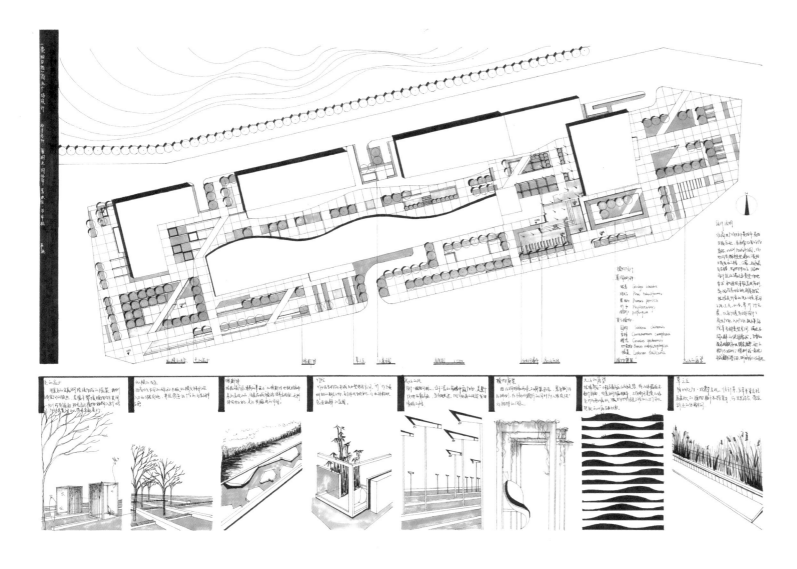

名称: 001-160128-0060

该方案场地界定清晰, 空间明确, 布局合理, 抓住了场地原有的潜在功能。不足之处是尺度把握有出入, 铺装体量过大, 导致场地尺寸视觉上偏小。景观细节还需深入细化, 植物配置需加强。

效果图很有特点, 如能增加主景观效果图则更为理想。

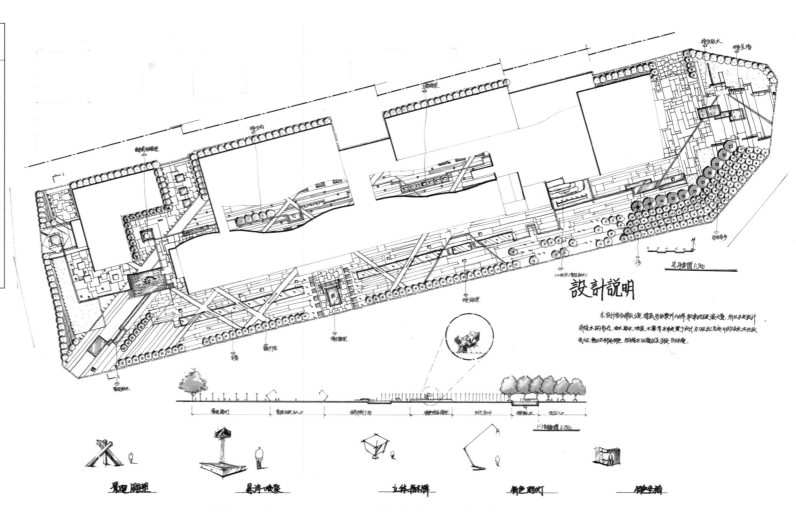

名称：001-170206-0023

本方案场地定位明确，贵阳日报和超高层写字楼前作为集中活动场地，环境丰富多样，空间明确，但细节不够丰富。商业综合体前的特色雕塑和花带起到了聚集人气的作用。

整体制图规整。剖面图较潦草，还需进一步明确交代商业广场和周边环境的关系。

設計說明

總平面圖 1:500

景观 雕塑　　　悬浮喷泉　　　立体指示牌　　　特色路灯　　　休憩坐椅

# 高山流水 ——商业景观设计

## MASTER PLAN

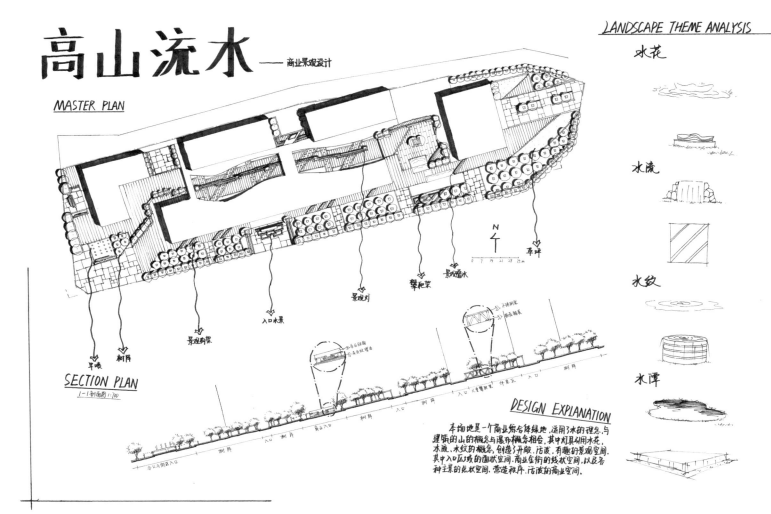

N

旱喷　树阵　景观雨棚　入口水景　景观灯　攀爬架　景观喷水　车坪

## SECTION PLAN

1-1剖面图 1:700

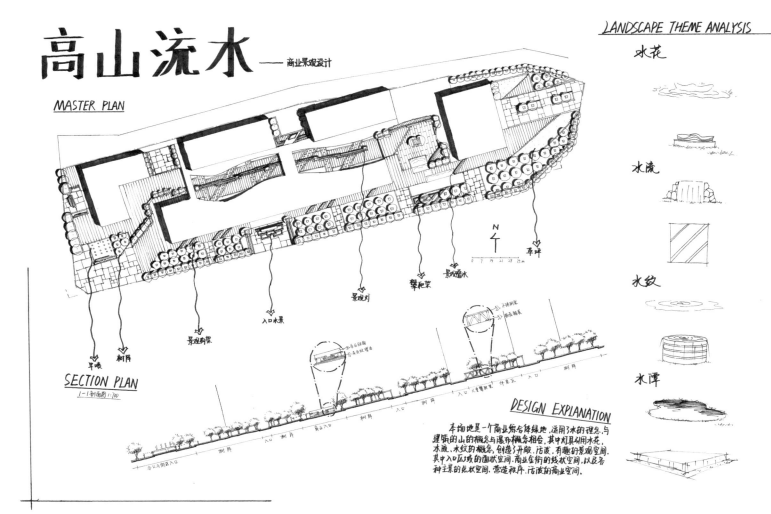

## LANDSCAPE THEME ANALYSIS

水花

水流

水纹

水潭

名称: 001-160128-0060

　该方案不同周边环境的景观设计有明显区分而又有一定联系,商业外街以树阵为主导,商业内街以观赏小品为主导,为整个商业综合体聚拢人气。将水的设计理念贯穿于场地方方面面,呼应设计主题。

　空间布局稍显凌乱,主节点内部景观细节仍需加强推敲。

## DESIGN EXPLANATION

本场地是一个商业综合体绿地,运用了水的理念,与建筑的山的概念与瀑布概念相合,其中灯具引用水花、水流、水纹的概念,创造了开敞、活泼、有趣的景观空间。其中入口区域的面状空间,商业金街的线状空间,以及各种主景的点状空间,营造秩序、活泼的商业空间。

## 项目六：小学校园绿地景观设计

项目场地位于贵阳市，周边建筑环境如图，场地较为平坦，北面为小区主入口，南面为活动场地，设计时应尊重周边环境特点进行绿地景观设计，营造一个安全、现代、学习氛围良好的小学校园景观。

### 项目分析

（1）关键词：小学校园、中庭景观、硬地活动区、绿植围合区。

（2）解读：小学校园绿地是为小学师生提供户外活动交流、体育锻炼、学习教育而创造的一个环境优美、提升校园生态环境的公共活动场地。此花果园小学坐落于贵阳市，周边建筑环境和出入口清晰，在进行方案设计时可依据周边环境特点进行绿地景观设计。注意在设计时依据小学生身心特点和小学校园的独特性，构建富有人文气息和育人氛围的校园环境。

中庭景观区：作为教学楼周边的景观，中庭景观首先要为教学服务，植物种植要注意不可影响教学楼采光，靠近建筑墙体可种植低矮灌木。作为校园外部空间的核心，应为师生提供课间短时间活动的景观设施，留出小型活动场地，呼应校园文化。实验楼前还应考虑防火、空气清洁等安全因素。

硬质活动区：主要供小学生开展各种课余活动和体育活动。运动场周围种植高大遮阴乔木，除跑道外区域尽量不硬化，保证学生安全。景观小品的设置应满足小学生交流、嬉戏的课余活动需求。绿植围合区：作为校园绿地的重要组成部分，设计应因地制宜，充分利用现有条件合理布局，作为小学生教学区和运动区的过渡空间。入口景观区：作为学校标志性区域，景观设计宜大方庄重、优美典雅，以突出校门和建筑为主，同时兼顾日常上下学和消防的交通需求。

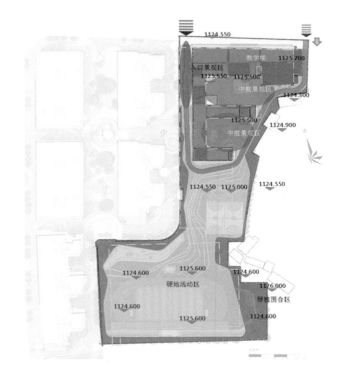

贵阳花果园K区小学景观设计

现状分析

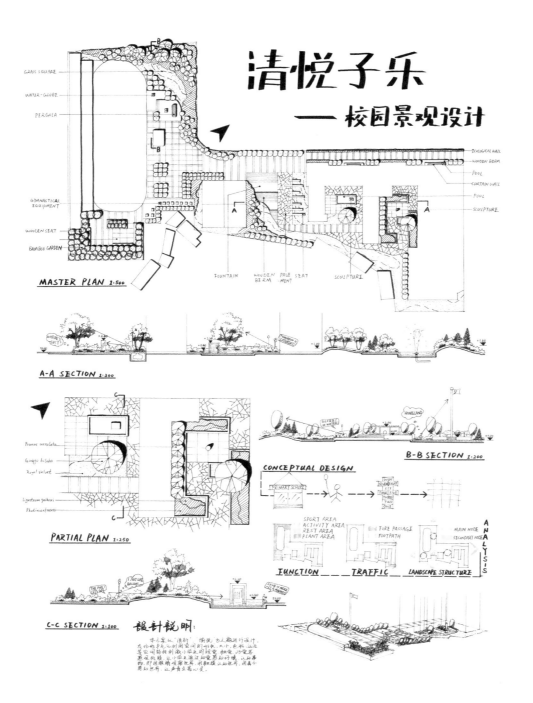

# 清悦子乐
## ——校园景观设计

名称：001-170206-0023

方案将绿化与美观结合，利用铺装的韵律和统一性，使校园环境具有层次和空间感。曲线型的空间划分软化了线脚，增加亲切感。交通体系既解决了集散需求，也满足了不同建筑间的穿行需求。但整体空间稍显松散，整体性不够。

画面淡雅统一，分析图规整细致，景观细节表达详尽，鸟瞰图有些潦草。

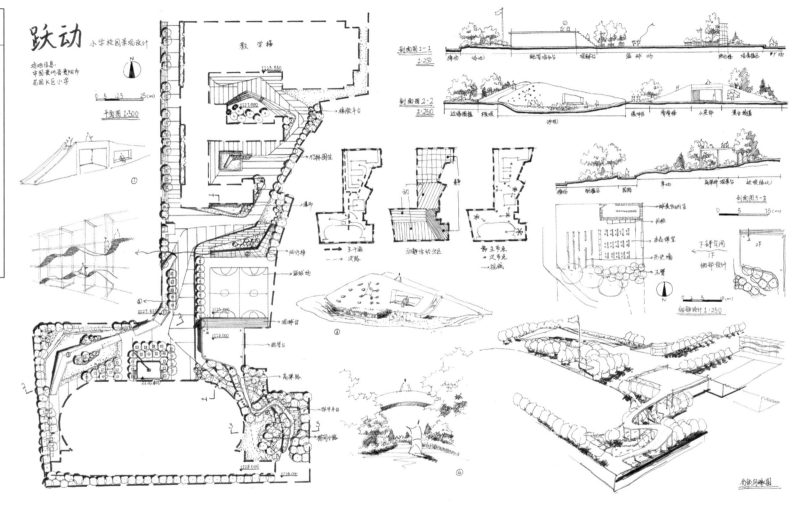

名称：001-160128-0060

本方案各场地定位准确，教学区环境丰富多样，过渡空间通过细节处理增加了校园体验性，但活动区和安静休息区缺少变化和功能分区。交通体系结构清晰，但铺装面积稍大，使得场地看上去与实际大小不符。

整体表现较佳，制图规整，鸟瞰图若能进一步明确景观和周边环境关系则更完整。

跃动 小学校园景观设计

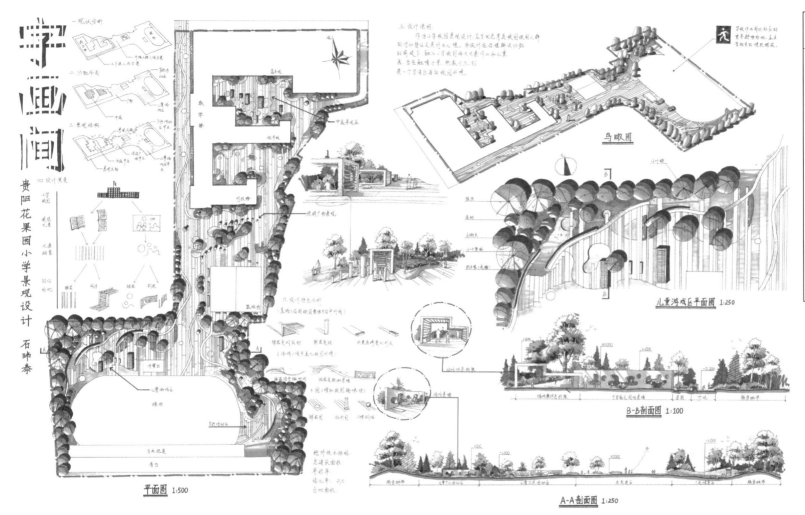

名称：001-160128-0060

　　方案功能划分清晰，绿地与周边环境联系紧密，不同场地功能不同而形式相似，整体性强。硬质空间和软质空间的区分基本满足师生日常使用需求，篮球场的添加为学生提供了很好的活动场地。总体植物设计较强，但铺装设计偏弱。

　　线条表现力强，设计表达较为清楚，竖向设计细致，鸟瞰图表达较弱。

贵阳花果园小学景观设计　石坤泰

平面图 1:500

鸟瞰图

儿童游戏区平面图 1:250

B-B剖面图 1:100

A-A剖面图 1:250

名称：001-170206-0023

　　方案采用了圆形空间和直线铺装结合的设计手法，使校园绿地活泼而不失规整性。通过大小不一的圆形节点引导小学生在校园内的活动行为，空间开合多变，细节设计丰富。

　　马克笔技法娴熟，局部平面较好地表达了设计重点，版面协调统一。

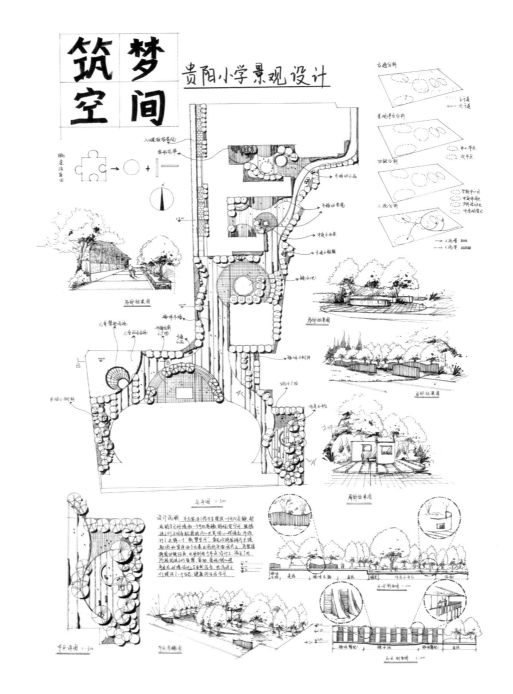

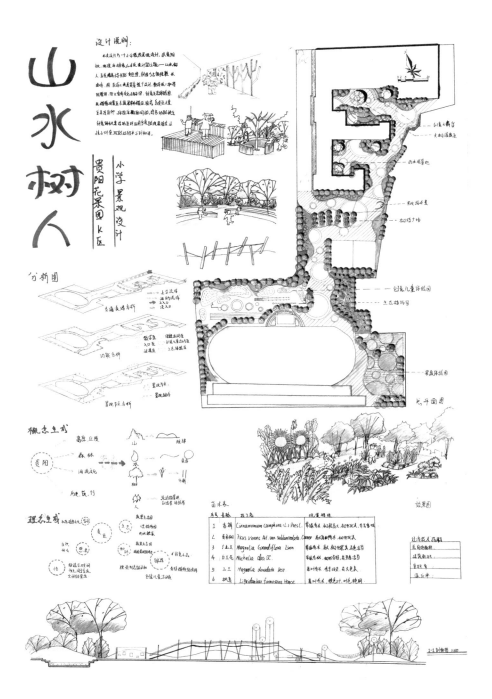

名称：001-160128-0060

　　方案较个性大胆，以圆形设计要素贯穿校园绿地。通过元素的抽取和重构以及材质的多样形成富有个性、充满趣味的校园活动空间，动静对比强烈。但空间区分不够，整体场地偏琐碎。

　　彩铅表现细腻，但线条偏生疏，方案内部细节的平面设计表达不清楚。

# 第 4 章

## 其他优秀快题
## 设计案例赏析

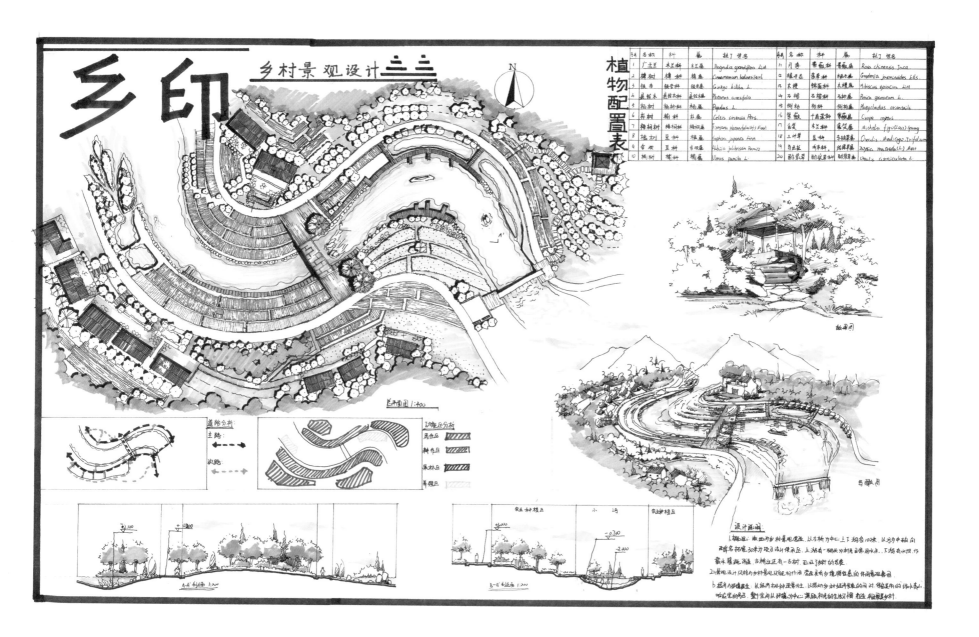

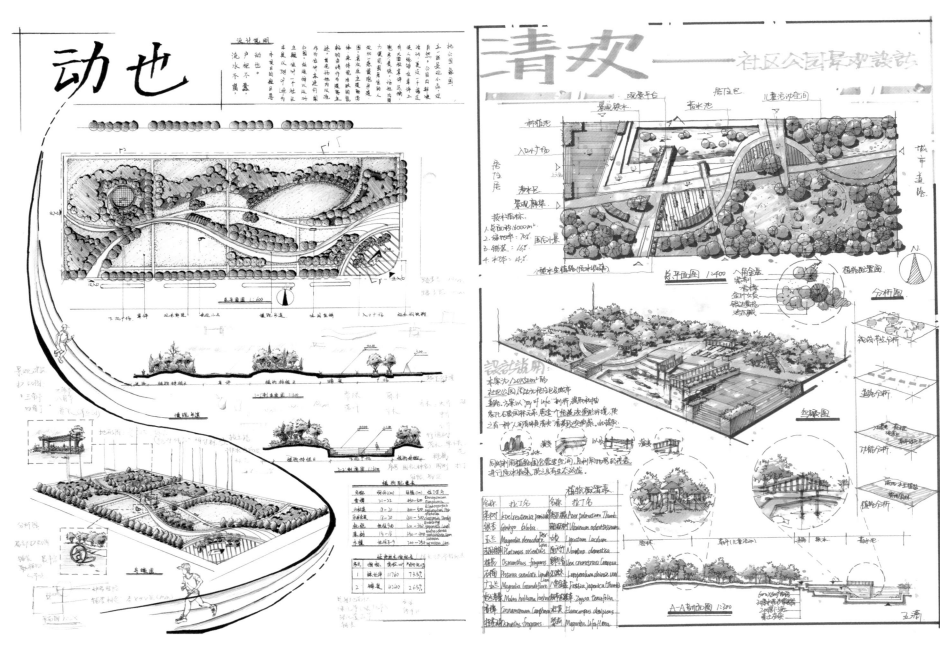

动也

清欢——社区公园景观设计

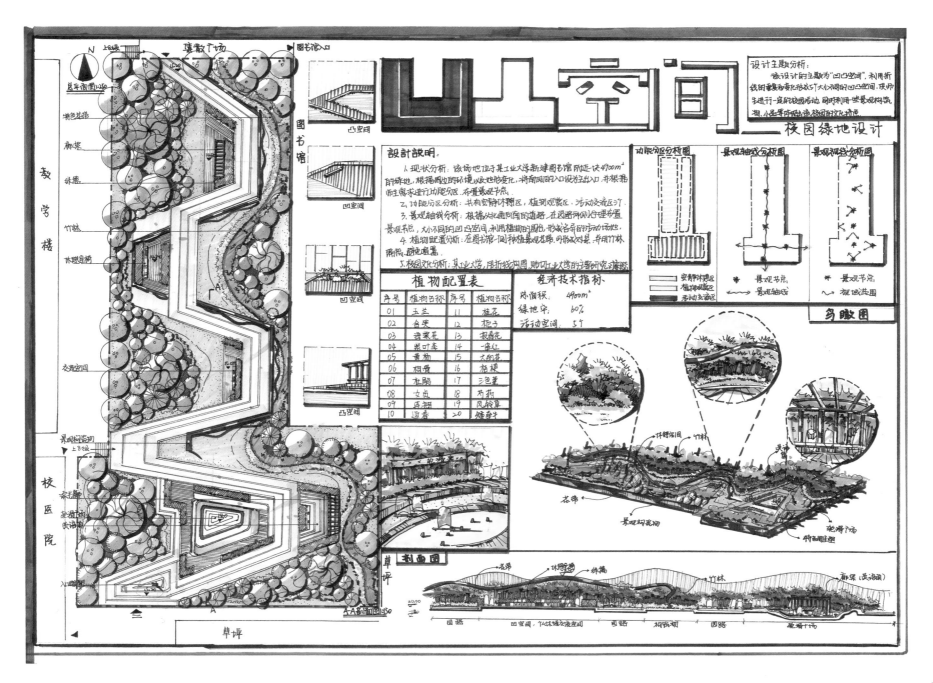

凹凸空间——校园绿地设计

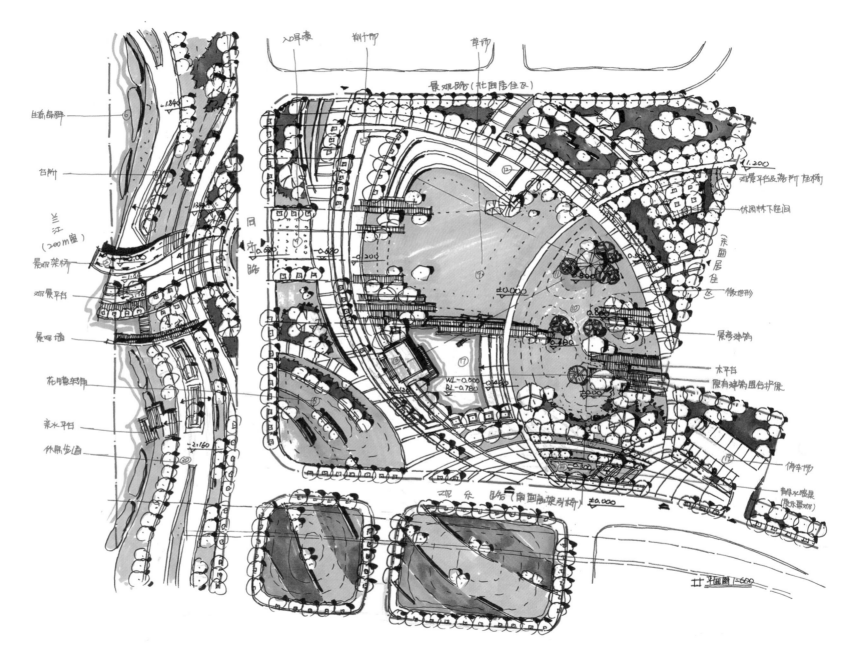

入口界限　　　　刷什么　　　　　　　草坪

景观路（北面居住区）

出雪岛群

台阶

兰江（200m宽）

景观架桥

观景平台

景观墙

花镜轩角

亲水平台

休息步道

1.200
双景平台&落胁往桥

休闲林下空间

南面居住区

微地形

景亭建筑

太平台
原有建筑围合护坡

停车场

亲水驳景
（临水景观）

观景路（南面临坡斜斜桥）

平面图 1:600

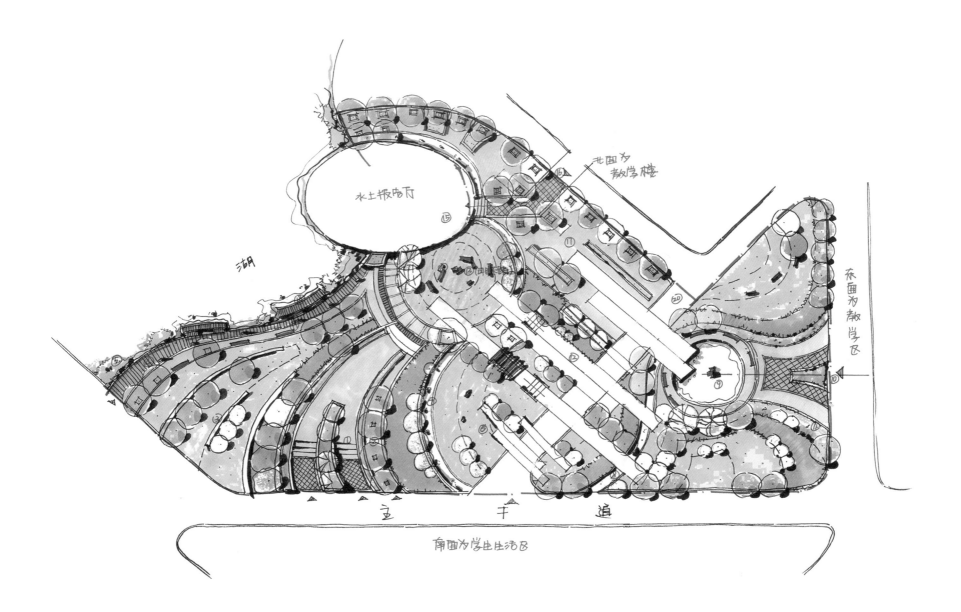

水上报告厅

湖

北面为教学楼

东面为教学区

主　干　道

南面为学生生活区

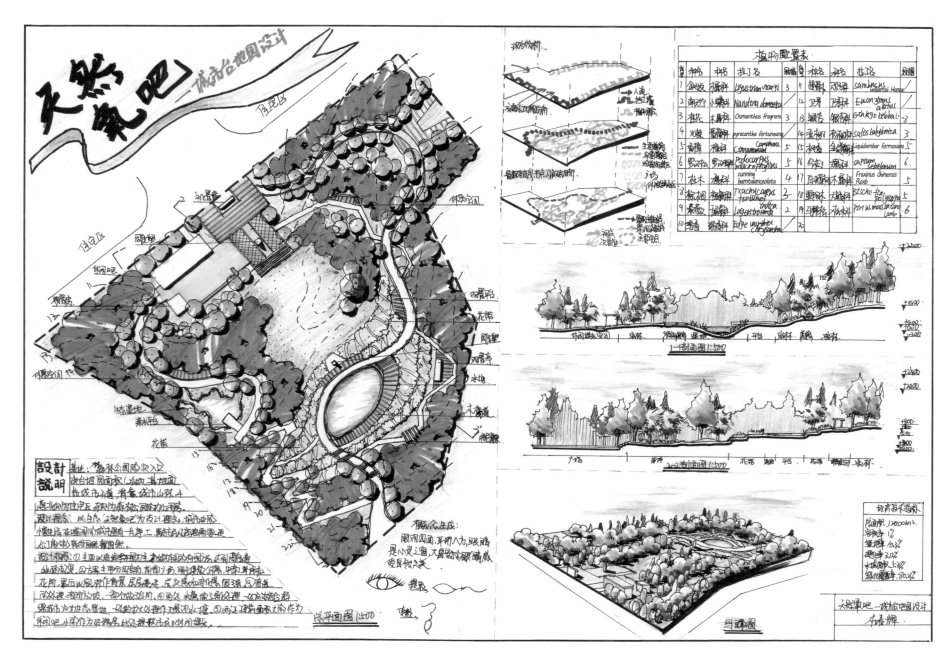

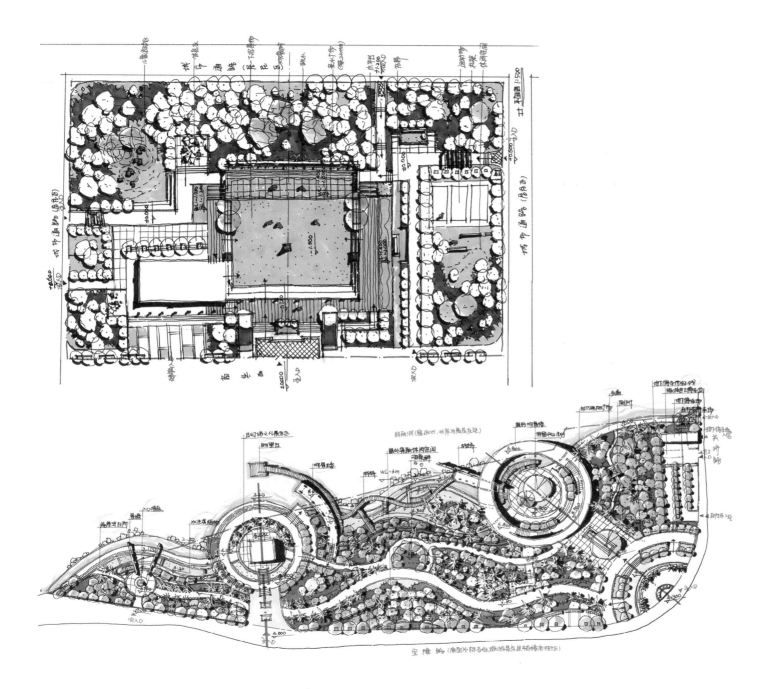

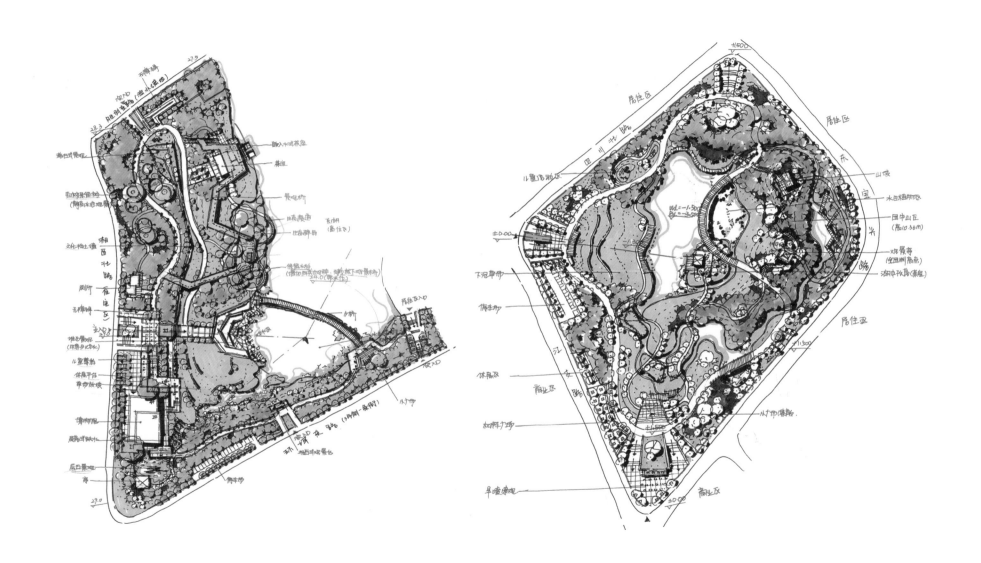

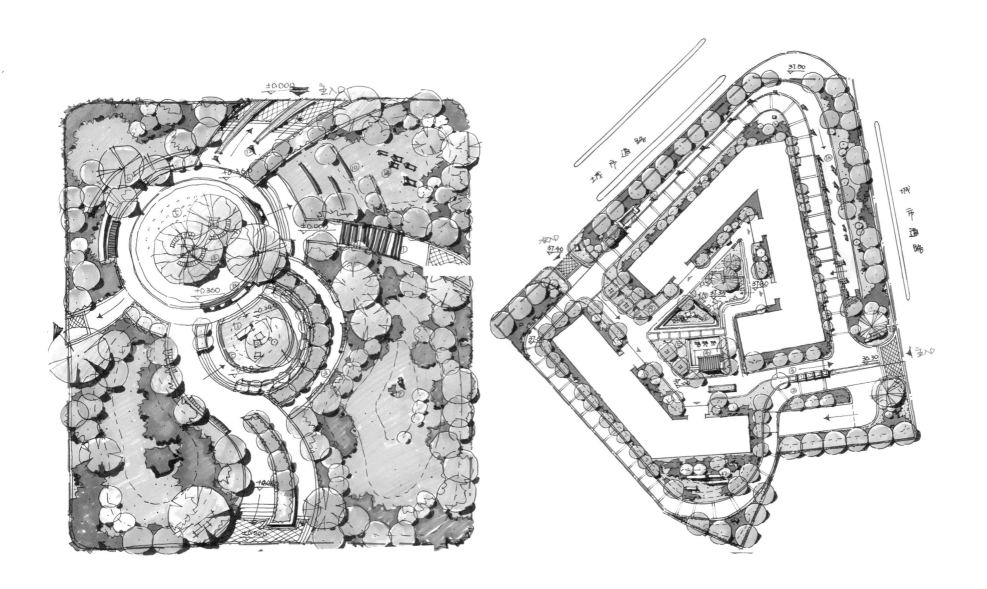

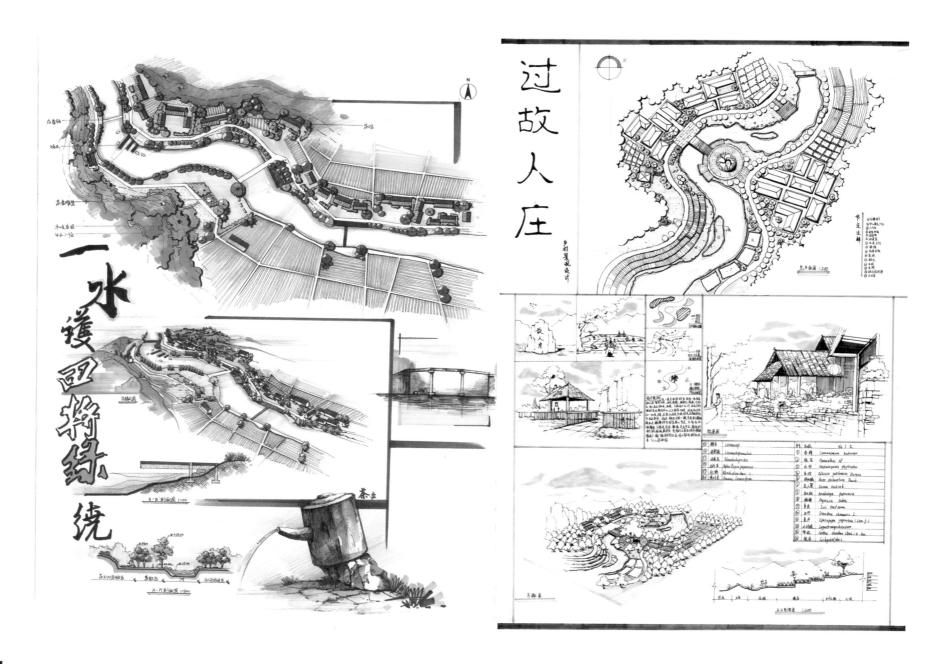

过故人庄

一水護逥将绿绕

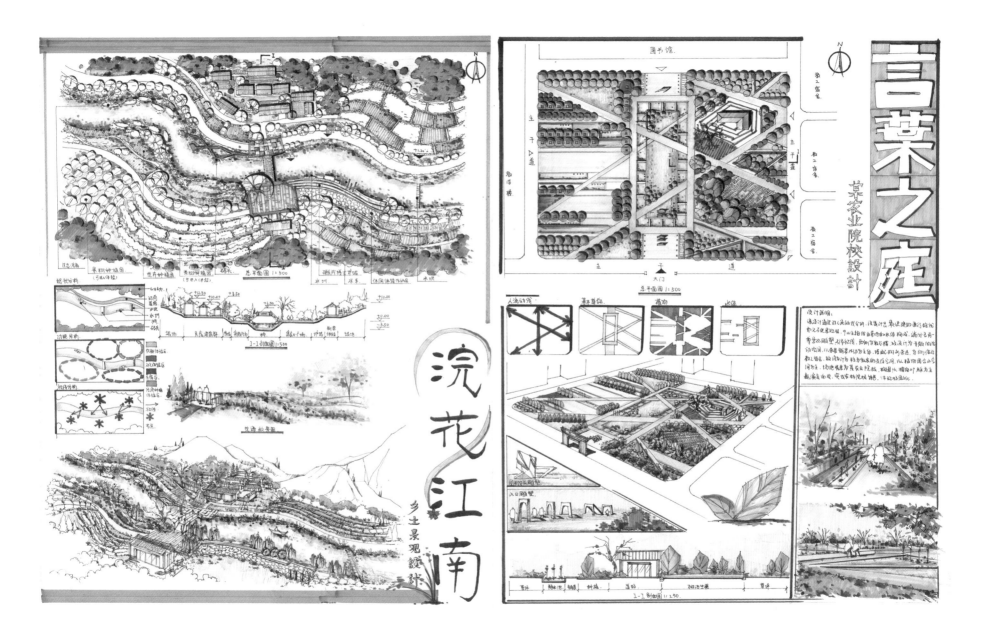

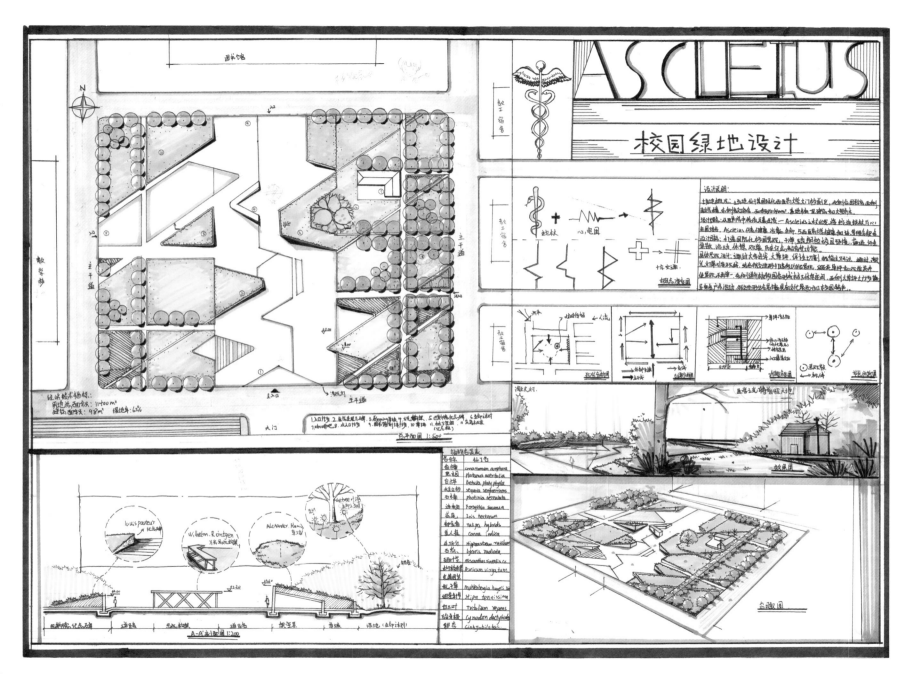

卓越手绘／景观
快题设计 100 例

166

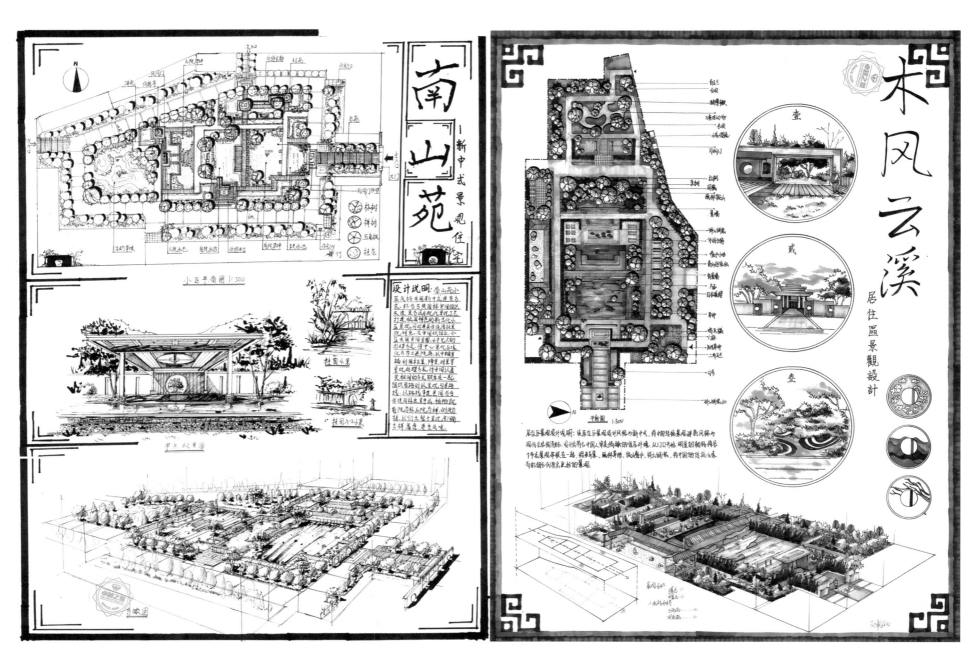

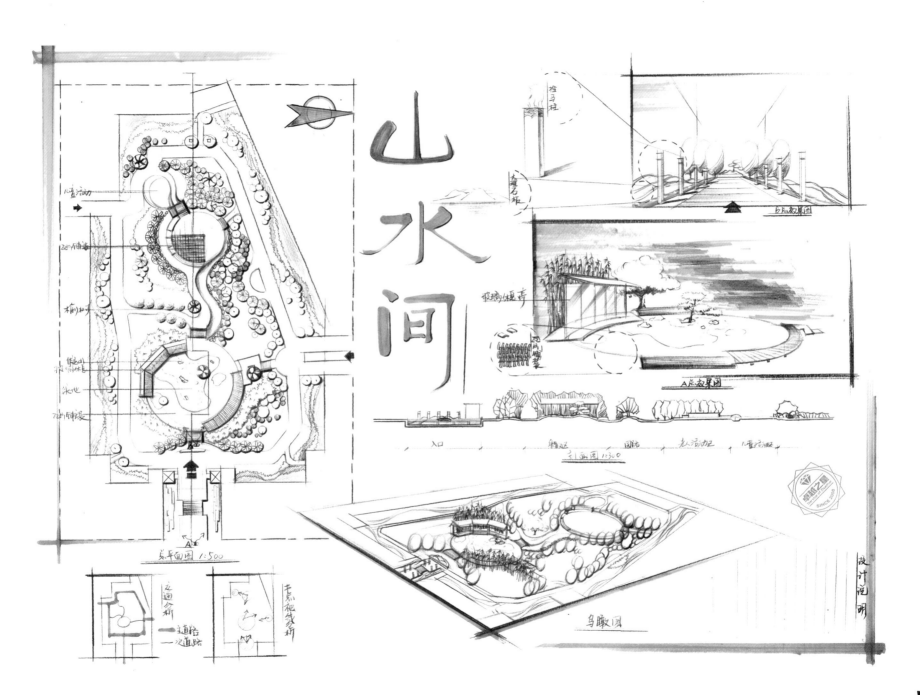

山水间

总平面图 1:500

剖面图 1:300

A点效果图

鸟瞰图

设计说明

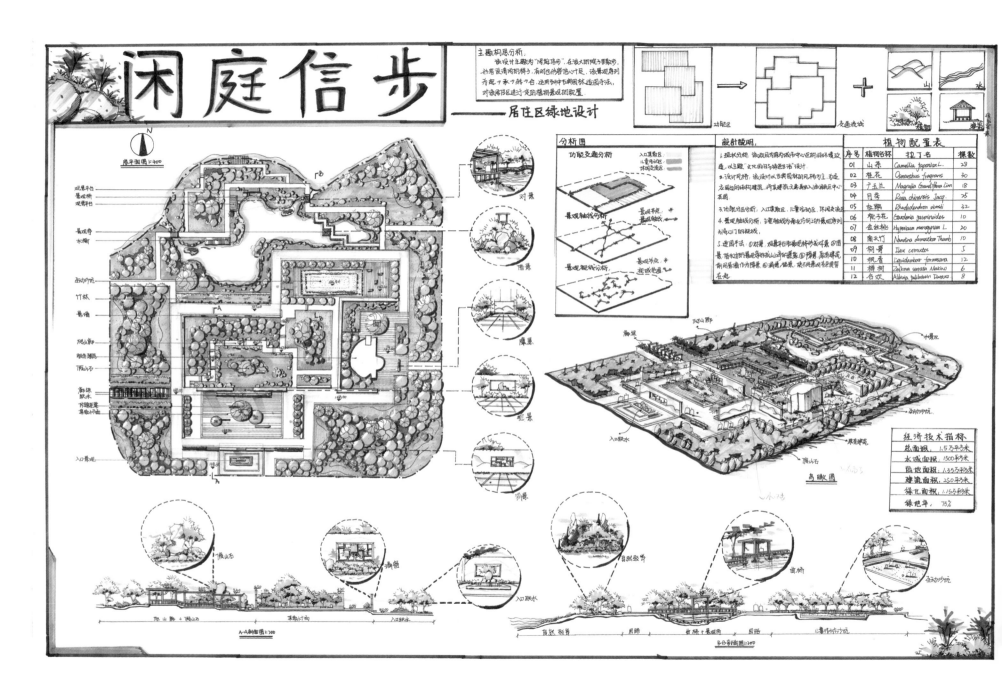

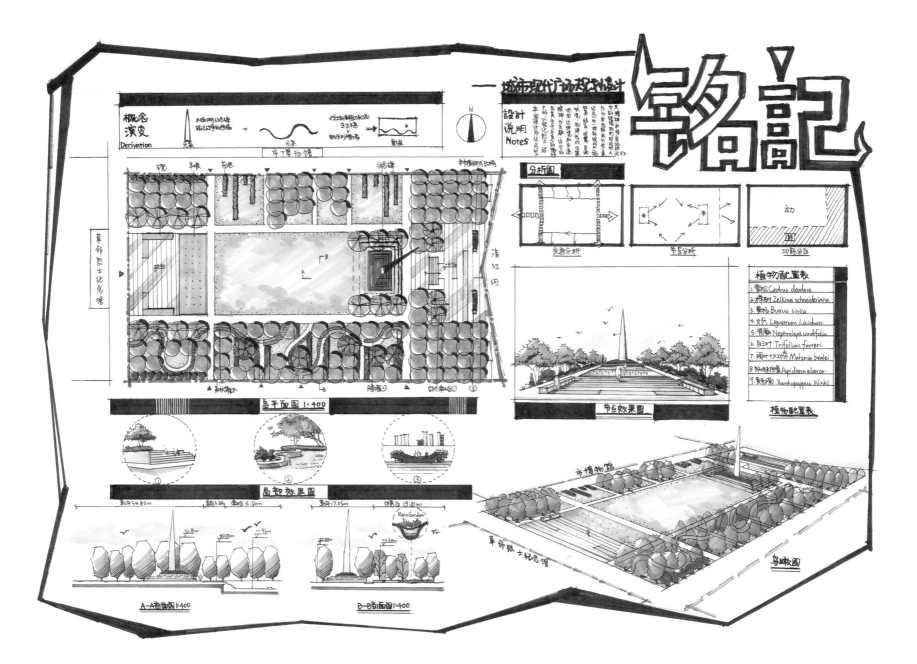

铭记 —— 城市现代广场规划设计

# 第5章

## 效果图、鸟瞰
## 图表现

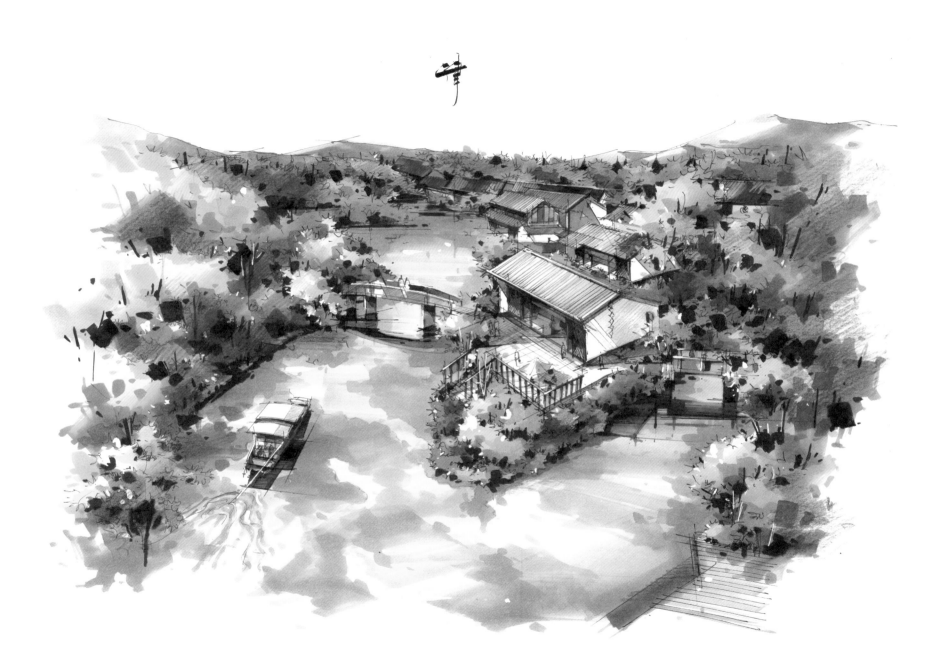

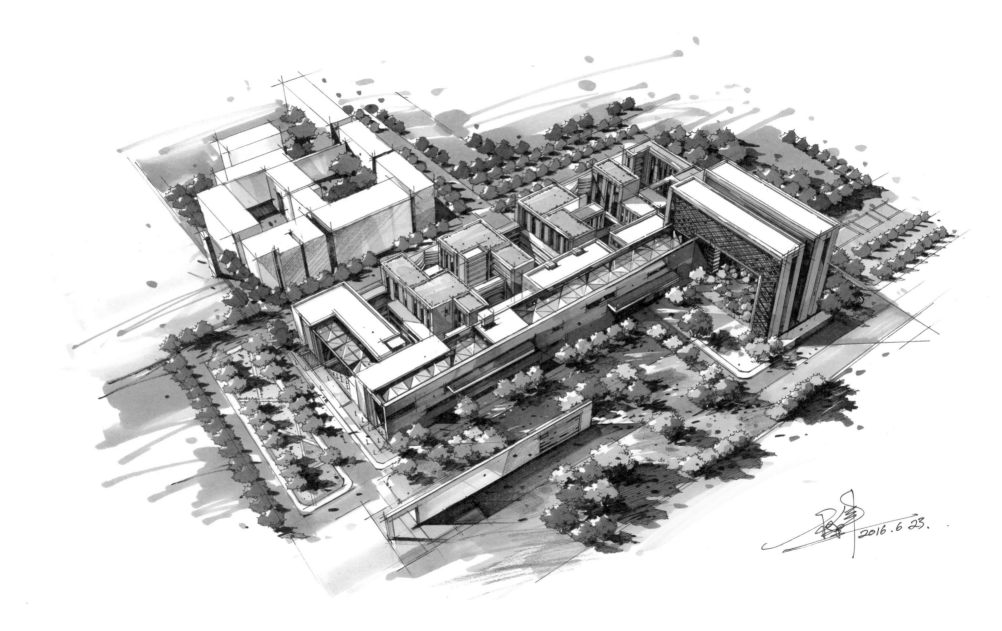

2016.6.23.

2011.2.12.

2016.8.13

2018. 8. 22.

177

2016. 7. 31.

金茂悦
JINMAO RESIDENCE

2016.3.15.

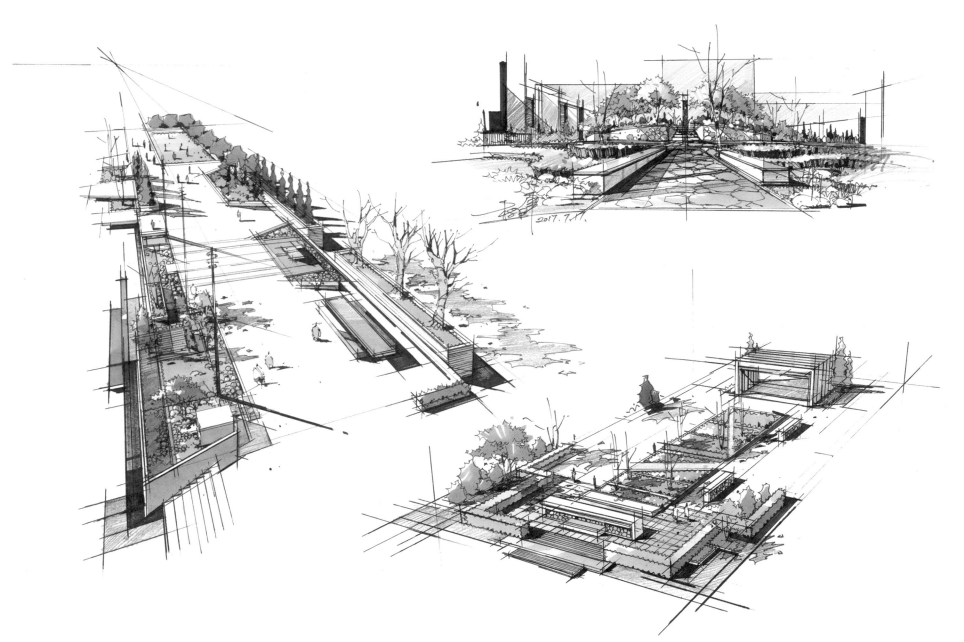

2017.7

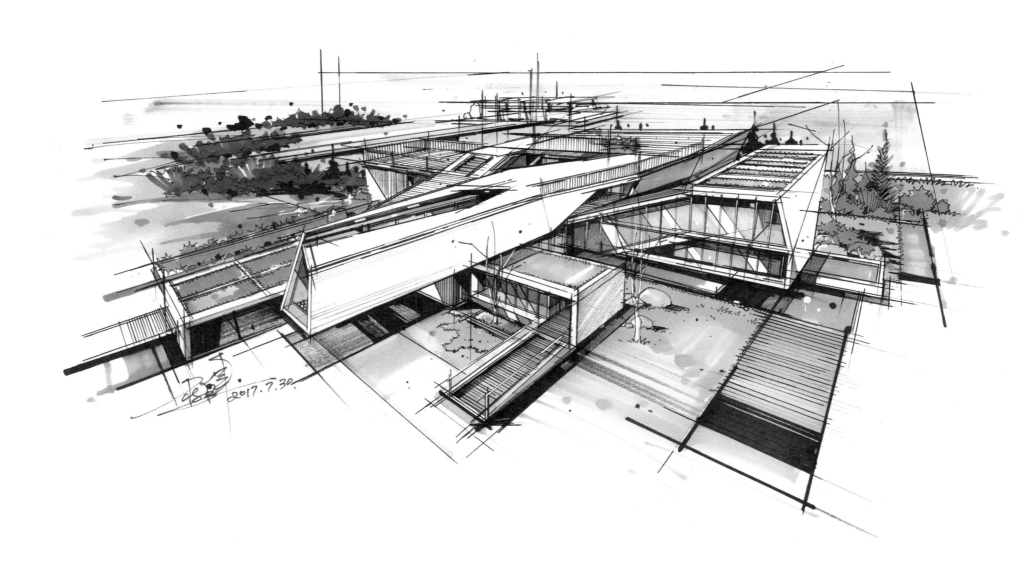

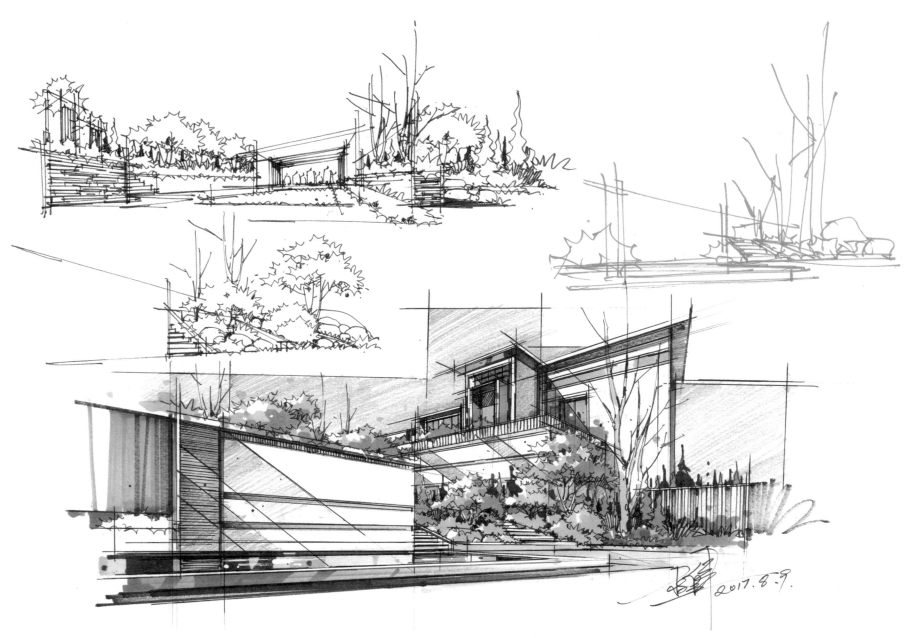